后浪

为什么不可以这样穿？

太时髦了！

[法]马克·博热 著　[英]鲍勃·伦敦 绘　刘宇彤 译

台海出版社

感谢宝拉、安东和阿曼达，
他们一直包容我，忍受我神经病般的着装。

Contents

目　录

太过时了

序　言

　　赤身裸体地在公开场合闲逛一直都被视为一种违反法律的"乐趣"，最高可能被处以一年监禁和1.5万欧元的罚款（根据《法国刑法典》第222项第32条）。没有人可以逃脱早晨起床必须先穿衣的定律。有些人会有赤裸的瞬间，不过也是十分短暂，且几乎带有一丝厌恶的，就像一个孩子不加咀嚼而直接吞下一盘西蓝花一般。其他人则会在前一晚尚未准备好第二天该穿的衣服时，通过在镜子前自娱自乐，让这种乐趣持续下去。

　　然而，后者很容易犯品位上的错误，因为错误的品位随处可见。无论是快速更迭的潮流、变幻莫测的时尚风向，还是漫不经心、我行我素的价值观，抑或是过时事物的不断涌现，都促进了品位的形成。保守主义和怪诞风格都是品位之树成长的沃土。品位无所求，但却十分适应各种纷繁杂乱的环境。无论我们是身材臃肿还是身姿曼妙，花很少的钱还是花很多的钱，都可以打扮得很优雅，或者穿得很土。

　　的确，人人都可能犯品位上的错误。而说了这些话的作者本人也应该在此承认，自己在这些年中对穿戴不同的毛线帽、细领带、白牛仔裤、尖头鞋、可笑的羽绒服、天蓝色短衬衫，甚至是低帮流苏鞋有着异乎寻常的痴迷，用完的发胶也数目惊人。直至今日，他甚至还会冒着走光的风险，在沙滩上用一块有些小的毛巾遮着，使劲吸肚子并艰难地穿上自己的泳裤。不过别担心，一切都很顺利。

　　因为，主观也好，毫无意义也罢，尽管穿搭的规则、禁区和建议的存在有些分量，在它们之外，最重要的还是衣服本身和衣服的穿法。只有衣服本身才能体现时代特色。事实上，越来越多的职员将他们的手提电脑放在背包里，因为当今世界要求他们做到前所未有的机动和灵活。同样，我们的衣服越来越紧，是因为现代社会对身材的观念迫使我们认为自己比实际上要瘦。

　　在每一个穿搭提示的背后，都有着某种重要的东西。它可以是一段历史、一种技巧、一个心理暗示，也可以是一种社会产物或是一次市场引导。在每一个错误品位的背后，都会有一种解释。这些解释并不是原谅这些错误的理由，甚至也不是为了让人忍住不笑，而是给人们仔细回顾这五十年的时尚历程提供一个契机。同时永远不要忘记，即使是个只穿着短裤的土包子，首先还是一个人。

太时尚了

穿做旧牛仔裤合理吗?

做旧牛仔裤本应像背带裤或发圈一样，是少数人崇尚的古怪风格，仅仅在 M6 频道的换装节目中才会有几个嘉宾尝试。然而，令人惊讶的是，这种裤子竟然赢得了广大的受众，甚至击败了纯色、天然，和英美人口中的速干牛仔裤（有数据证明此点）。

它的成功一部分来源于其舒适度。做旧方法包括拿石头磨、以特殊液体浸泡、加酵素染、用漂白水洗、加树脂泡、用土豆搓或者直接用刷子刷。这种牛仔裤质地柔软，而且像绒布运动裤一样好穿。就像那些英国贵族一样，他们为了让衣服变软，总是把自己的新衣服让仆人先穿，做旧牛仔裤爱好者们肯定也是因为讨厌新衣服带来的拘束感而选择做旧款式的。

但他们忘记了，其实自己也是完全可以将牛仔裤做旧的。在人工做旧工艺大规模应用以前，20 世纪 60 年代末，有一些美国人利用把牛仔裤 24 小时放在机器上翻转的方法来将其做旧，另一些有更先进设备的人则选择将牛仔裤挂在摩托艇后部。据说罗纳德·里根[1]就曾把自己的牛仔裤泡在总统度假地戴维营[2]的泳池里来让其变得更加柔软。

然而，最好也是最早的牛仔裤做旧方法，还是经常将其穿在身上并且不太对其进行清洗。在几个月之后，牛仔裤的外观会随着穿着它的人的习惯而发生变化。如果你平时经常蹲着干活，别人会从牛仔裤上看出来，如果你放一部黑莓手机在屁股口袋里，而不是苹果手机，别人也会知道。

有时候，穿做旧牛仔裤甚至可以成为塑造某种特定形象以掩人耳目的可怕欺骗行为。比如，当一位凯捷管理顾问公司[3]的高管穿上一条迪赛牌[4]的膝盖处做旧牛仔裤时，他其实是在暗示自己是一个颓废青年。类似的，一个嫁给了满脸长包的商人的莫斯科丑女如果穿着一条 D&G 牌[5]大腿破洞牛仔裤四处溜达，这就意味着她还没忘记自己的出身。

以上两位都撒了谎，因为他们都穿了做旧牛仔裤。法国设计师玛莉特·吉尔伯和弗朗索瓦·吉尔伯[6]从 1965 年起，在众人之前抢先将这种风格发扬光大，也正是因为他们想要看上去像美国人……

1　罗纳德·威尔逊·里根，第 40 任美国总统。（本书中的注释如非特别标明均为译注）

2　位于美国马里兰州，总统度假胜地，罗斯福最早在这里度假疗养身体，躲避华盛顿夏季的炎热与潮湿。

3　总部设于法国巴黎，创立于 1967 年，是一间全球性的资讯科技服务管理领导厂商。

4　迪赛（Diesel），意大利牛仔时装品牌，创立于 1978 年。

5　D&G 于 1994 年推出，作为 Dolce & Gabbana 的副线，成为年轻人向往的欧洲风格流行标志。

6　一对法国夫妻，共同创立了同名品牌 M+FG，该品牌为世界顶尖时装品牌，以做牛仔裤起家，其经典牛仔裤在美国城乡大受欢迎。

在城市中穿超大羽绒服合理吗？

在这个已经习惯了奇怪之物的时代，没有人会对羽绒服的出现和气候变暖的理论被广泛接受感到惊讶。而这两个现象的同时存在却隐藏了一个重要信息。有可能是我们比过去更怕冷了一些，也有可能是我们被科学家操控了。事实上，羽绒服的功能极有可能已经发生了改变。

很长时间以来，人们认为羽绒服和趣岳牌[1]睡袋一样实用，不过现如今，羽绒服已成为一种时尚单品，甚至足以成为那些在弗博尔－圣－奥诺雷街上得瑟的小资产阶级们、盘踞在夏特雷－大堂街富乐客[2]专卖店门前的年轻人，和巴黎送货员这三类截然不同的人群的共同选择。具体而言，送货员们更倾向于选择穿北面牌[3]的羽绒服（他们是不是跟北面签了合同，所以每天至少得穿一件这个牌子的衣服？），而另外两类人则在穿蒙口牌[4]羽绒服这点上达成了共识，这已经成了一种社会标签，几乎达到了20世纪90年代鳄鱼牌[5]带来的效果。

1947年，羽绒服最早由一位住在山区的德国工程师利用床上的被子设计出来。几年后，蒙口重新设计使其变得更为精致之后，羽绒服超越了原有的抗冷功能，成了时尚单品。这并不是用于技术与运动领域的单品第一次进入人们日常的衣柜，匡威的全明星篮球鞋之前也经历了同样的历程。但原来只存在于寒冷地区的服饰进入了大众的日常生活，这倒是头一回。

但自此之后，即使羽绒服的剪裁变得更加多样，穿羽绒服仍然是一种冒险，尤其是把它和紧身裤搭在一起的时候，不过当时这种穿法很流行。如果想要自己在脑中描绘出样子，最形象的莫过于想象出两根火柴，接着再想象把它们插在一个冰球上。上身和下身的比例失调是羽绒服爱好者们最大的风险，甚至比成为米其林宝宝[6]更甚。

为了减轻这一风险，最好将收腰的松紧带去掉，但或许更为有效的方法是选择穿羊毛材质的衣服，穿厚呢短大衣或羊毛大衣。虽然这些衣服没有羽绒服轻便，但却可以让人们在抵御寒冷的同时保留优雅，同时也避免了无意义的文字游戏。因为，尽管羽绒服很流行，但也不要忘了在法语中"羽绒服"这一名字属于日常服饰词汇中最粗俗的那一类……离"背带裤"已经不远了[7]。

1　趣岳（Quechua），来自欧洲最大的运动产品连锁商店迪卡侬旗下的一款运动产品的品牌，在迪卡侬内的各品牌中专营山地运动用品系列。

2　富乐客（Foot Locker），世界上最大的体育运动用品零售商。

3　北面（The North Face），美国著名户外品牌。

4　蒙口（Moncler），一家总部位于法国格勒诺布尔专门从事生产户外运动装备的著名品牌。

5　鳄鱼（Lacoste），法国著名服装品牌。

6　形容过度肥胖出现"藕节腿"的婴儿，像著名的"米其林轮胎"形象。——编者注

7　法语中羽绒服为"doudoune"，发音有些奇怪。背带裤则为"salopette"，会使人联想到"salop"（混蛋）这一粗话。

戴超长围巾合理吗 ？

长久以来，戴好围巾和戴好领带的关键都在于打一个漂亮的结，而如今这种方法已发生了变化。自从出现了长度有时甚至超过 2.5 米（即蟒蛇的平均长度）的超长围巾，人们就不再给围在脖子上的围巾打结了。我们把它围上，完全像是让萨瓦奶酪火锅中的奶酪均匀绕在面包上一般。

这一造型运动所带来的视觉上的后果是非常明显的。一般的围巾，长度通常在 1.5 米左右，仅仅像在脖子部位点了个标点符号一样，而超长围巾则会占领许多部位，把下巴和脖子都吞掉，截掉一部分肩膀，甚至遮住胸部。因此，这一配饰的爱好者无论是男是女，他们围上围巾似乎不仅仅是为了抵御寒冷，而也想要给自己创造出舒适、如同卧室一样具有私密性的条件，以和别人隔离开，获得安全感。

问题就在这里。就像一大批美国游客在坐飞机时所穿的海绵材质的上衣一样，这种服饰从很多地方看上去都像是睡衣，加长围巾会无法避免地令人想起卧室的空间，更准确地说是和床有关的一切。它下垂的部分、材质和厚度也使其经常可以起到被子的作用。在人们结束了一天的工作，坐上回家的地铁时，围巾甚至可以成为枕头的完美替代品。但万一它不小心被夹在地铁门里，那就完了！

1927 年美国舞蹈家伊莎多拉·邓肯[1]就是这样去世的：她的围巾缠在了她的座驾阿米尔卡[2]GS 的轮胎上。超长围巾的爱好者们不仅有这种突然死亡的危险，他们还会在经济衰退时期承担另一种风险。就像 1930 至 1940 年间突然兴起的佐特套服[3]一般，围着超长围巾的人们不久后即有可能因被控告"过度使用原材料，导致国家经济出现危机"而接受法庭的审判。

的确，对佩戴超长围巾的人们而言，找到围巾的适宜长度，并且学会打结是很必要的。也没什么比这个更简单的了。只要将围巾从中间对折，再围上脖子，最后把尾端从另一端围巾的两层形成的环里拿出即可。

1　伊莎多拉·邓肯（1878—1927），美国舞蹈家，现代舞的创始人，是世界上第一位披头赤脚在舞台上表演的艺术家。
2　阿米尔卡（Amilcar），1921 至 1940 年间的法国小型车品牌。
3　佐特套服（Zoot suits），流行于 20 世纪 40 年代的一种上衣肩宽而长、裤子高腰裤口狭窄的男子套装。作者此处想表达这种衣服要使用很多布料。

戴极细领带合理吗?

如果无论以何种方式，领带的宽度都是以佩戴者精神的宽度来计算的，那么我们可谓生活在一个不好的时代。因为细领带在近些年中大为流行，直至成了威廉斯堡[1]年轻的摇滚歌手和为了参加讨论分红危机的会议，而快速穿梭于伦敦金融城中的商务人士这两类截然不同的人的共同选择。

即使这两类奇怪的人也许会将他们佩戴细领带的原因隐藏起来（摇滚歌手自认为有一天也许会需要一根止血带[2]？商务人士找到了度过分红危机的缓兵之计，以至于哪怕脖子上挂着一根和上吊绳一样细的领带也无所谓了？），细领带的爱好者们在内心深处有着一样的意图，他们想要拥有领带的绅士优雅，但不想那么成熟。他们执着于这种探索，准备好牺牲一切，甚至是领带的宽度。

这实际上是一个误会。因为，如果说戴一根过宽的领带（超过9厘米）会让人看上去品位很差，像穿着白色牛仔裤或是戴着理查帽一样，那么佩戴过细的领带（少于6厘米）也会产生一样严重的问题。领带往往被用来搭配西装，细领带会因让胸部空出很大一块而使得上身的比例失调。在所有有点胖嘟嘟的男士身上，这种效果是灾难性的，因为这样会人为地使得佩戴者的轮廓变胖。

对于佩戴领带这件事，事实上应当永远保持理性，将领带的宽度控制在6—9厘米之间，并且根据装束中的其他衣物调整领带的宽度。如果穿的是窄翻边外套、小领衬衫、紧身裤和尖头鞋，那么可以佩戴细一些的领带，最细6厘米。如果不是的话，那就得佩戴宽一些的，最宽9厘米，并且永远完全不要有"领带越细就越有摇滚范儿，因此也就越酷"的想法。

因为事情已经不再那么简单了。细领带在几十年间一直被胡乱搭配，主要是那些朋克、斯卡音乐爱好者，摇滚歌手，明星培训班的毛孩子，滑板男孩，以及这些人的追随者们。佩戴细领带也因此成了人们经常重复使用的时尚搭配法，而丝毫没有颠覆性价值。现如今，人们应当摆脱那些浪漫的幻想和市场环境的毒害，冷静地对要不要戴细领带进行判断。甚至可以说，人们应当完全放弃戴细领带的想法。

1　威廉斯堡（Williamsburg），美国纽约布鲁克林区的艺术集散地。

2　作者在此处暗指摇滚歌手有时会注射毒品而用上止血带。

戴毛线帽合理吗?

尽管在几十年前，室内中央供暖的普及化已标志了睡帽不可避免的衰落，不过它的兄弟——白天使用的毛线帽，仍然在很多男性的衣柜中占据着一席之地。的确，毛线帽的功能最近甚至得到了扩展，成了英美人所说的"fashion statement"，也就是字面上所说的时尚宣言。

的确，自此之后，毛线帽的外观功能首先得到了肯定，主要是因为它给人们带来一种戴上会变酷的感觉。就像穿弹力牛仔裤和格子衬衫一样，戴毛线帽完全是现代那些装腔作势的人喜欢的行为，就是我们所说的那些"赶时髦的人"。同样的道理，近些年来，戴毛线帽这种行为也成了一众好莱坞名人的习惯，比如约翰尼·德普、布拉德·皮特、罗伯特·帕丁森和大卫·贝克汉姆。美国人把这种帽子叫作"名人帽"。

在这两种情况下，戴毛线帽并不是出于对气候变化的担忧。原因不言自明。像库斯托船长或是蓝精灵那样戴帽子，那些赶时髦的人一定会把毛线帽戴在耳朵上面，一下就失去了帽子最基本的保暖功能。好莱坞明星们以更为正常的方法来戴毛线帽，也就是用帽子覆盖整个头部，他们肯定也不是因为气候原因才这样戴的。因为在好莱坞，或是在整个加利福尼亚州，谁会真正怕冷呢？

实际上，毛线帽如此受上流人士的欢迎，首先是因为它对头发的重要作用，它可以有效地遮住头发，这对一个刚刚开始脱发，或是某天头发很乱而被当场抓拍到的可怜明星而言是很重要的。但它的作用还不仅于此。毛线帽比任何一种鸭舌帽或是其他帽子更好，它像摩托车的头盔一样，可以把头发压得很平。对于那些喜欢故意让一绺头发垂下来挡住视线的时髦人士和好莱坞明星而言，毛线帽的这一功能是至关重要的。

但如果人们对于头发有其他要求，毛线帽实际上没有多大好处。像所有针织衣物一样，毛线帽用得越久损坏越大，会起球，变得非常软，并且无法避免地向下塌。因此，正如在皮手套和毛线手套之间应当选前者一样，在城市里应当选择戴毡帽或呢帽，而不是毛线帽，因为后者是最没有价值的。

系亮色鞋带合理吗？

我们总是嘲笑那些完全不重视外表的人，却几乎忘了那些过于爱打扮的人也有错，也忘了因为这类人总是想要引人注目，所以也许因此会犯更多品位上的错误。最近，他们在自己的黑色或棕色鞋上系亮色鞋带，带来了一种时尚微趋势，以至于《华尔街日报》也对此大加赞赏，我们在近期的报纸上可以读到这样的评价："彩色鞋带，这是一种全新的让皮鞋真正时尚起来的方法。"

时尚是永恒的轮回，这一造型上的窍门已经没什么新意了。在 16 世纪末，随着鞋子的普及，鞋带成了贵族们造型上的决胜点。鞋带应当闪耀、多彩并且尽可能显眼。在路易十三统治时期，一些上流社会的人士甚至会用大量带子或纱打成的结来装饰鞋带。鞋带也因此拥有了更多功能。

此后很久，鞋带在英国成了一种单纯的话语表达方式。在 20 世纪 70 年代，系在一双马丁大夫牌[1] 靴子上的鞋带可根据其颜色表达一切，以及和其本意相反的东西。如果黑色马丁靴上系的是白色鞋带，那就代表您是位法西斯分子。如果是红色鞋带，那您就是位共产党。蓝色则意味着您差点打死了一位警察。黄色的话，就是您曾坐过牢。紫色代表您是位女同性恋。黑白色鞋带的意思是您是位狂热斯卡音乐爱好者。这是最初的含义。因为在不同城市和不同时间，颜色的含义会发生变化。因此，绿色鞋带在此可以表达您有爱尔兰血统，也可以说明您是位男同性恋。这可完全不是一个意思。

彩色鞋带，尤其是红色的，以前系在登山鞋上时有着很实际的意义，因为它可以帮助人们在雪中辨别出鞋子。但这在城市里就显得有些不适合、刻意和做作了。的确，系彩色鞋带的人似乎特别希望显得与众不同，而这并不是个值得称赞的意图。因为，就像著名的花花公子博·布鲁梅尔[2] 说的那样："如果人们在街上回头看您，那是因为您穿得不对。"

因此，应该总是让鞋带的颜色和自己鞋子的颜色相融。为了达到这个目的，尤其是当您需要给一双擦得锃亮的鞋子系上新鞋带时，有一个窍门：给鞋带擦上和鞋子一样颜色的鞋油。

---

1 马丁大夫（Dr.Martens）著名的工鞋品牌，现在一般用该词表示马丁靴。

2 博·布鲁梅尔（1778—1840），英国贵族，社交界名人，极为注重穿着，因此成为花花公子的代名词。

穿西装配运动鞋合理吗?

西装在过去是人们很注重的一种服饰，但随着时尚的发展已慢慢偏离了其本来的方向，西装也走向了衰落。在今日，人们经常把西装和 T 恤衫、polo 衫、连帽卫衣或是运动鞋搭在一起穿。尽管已经有如此多的错误穿搭法，穿西装配运动鞋这种搭法还是足以成为当今最严重的风格错误，然而却最为大众所青睐。

这种搭配方法出现在 20 世纪 80 年代末，当时乔治·阿玛尼率先为男装自由化开辟了道路，穿西装配运动鞋即符合这种趋势，并且满足了男性心理上所追求的一种幻想。

就像 1977 年的朋克们穿着撕坏的布满可怕花纹的 T 恤衫，并且配一条黑色领带一样，热衷于穿西装配运动鞋的人们也有着想要展现自己是个完美男人的野心，他们既想要通过西装来炫耀自己优雅而富有，也想要通过有味道的运动鞋来显得很酷。

热衷于穿西装配运动鞋的人总是无法避免地在两者之间更看重西装。在工作中，他们因受到职业条件的约束，而在每个工作日都必须穿外套、衬衫、裤子并戴领带。这样的人一般只有一双运动鞋，但是却假装自己这双运动鞋是专门用来搭配西装的，这样穿是因为下班后要参加聚会。他们十分珍视自己这双所谓的运动鞋（90% 的情况下，这些运动鞋都是匡威全明星系列的高帮鞋或是保罗·史密斯牌的低帮鞋，而且都是白色的），让自己完全成了装腔作势的人，而不是完美的男人。

穿西装配运动鞋这种搭法，一开始是由那些时尚大牌所支持和推广开来的，只要这能给它们带来收入，人们穿得再难看都无所谓，这种穿法在理论上而言没什么意义，而从风格的角度看也是如此。运动鞋一般比皮鞋更宽、更高、更平，而且只有一点鞋跟，这其实不太容易和西裤配好。具体来说，运动鞋无论如何都会产生手风琴一样的视觉效果，也就是裤子会在脚腕处叠成开瓶器的样子。

因此，穿西装配运动鞋其实和穿运动裤或短裤配皮鞋的效果是一样的，所以很有必要采用其他方法来让自己穿西装时显得没那么严肃。比如，要明白麂皮鞋永远没有皮鞋严肃。遵循着同样的原则，也不要忘记橡胶底鞋看上去总是会比皮底鞋显得更休闲一些。

向内踮起脚尖摆姿势合理吗？

和其他准则一样，苗条已经成了一种社会准则。没有摄影师会将镜头对准一块热量很高的"奶酪"。如今，没有人会直截了当地一直提"脱脂酸奶"或"低糖米饼和圣约尔矿泉水"，但还是会尽量把肚子、脸颊、屁股吸进去，还会把脚尖也踮起来。

这是因为通过强迫自己把下身的所有肌肉绷紧，以让腿部稍微有些线条而摆出的这一十分不自然的姿势，可以使腿形显得修长。虽然效果是机械性的，但光凭这点无法说明一切。的确，只要稍微浏览一下我们通常所说的时尚博客或"街拍风格"博客，就能知道向内踮起脚尖并不是唯一的姿势。

在那些非常注重外表的人的主页上，无论是男生还是女生，都有许多张个人照，在这些照片中，踮起脚尖变成了标准姿势，甚至成了一种精神上的偏执。通过将两个脚尖对起来，摆姿势的人做出自我反省的样子，显得自己像是个杰出人物一般。实质上，这个姿势所传达出的信息和人们在镜头前咬紧牙关或皱眉所表达的意思是完全一样的：它表达的是封闭或排斥。

尽管向内踮起脚尖在当今是一种新的标准拍照姿势，但这个姿势本身并不是新的。因此，当年轻的猫王扭动腰部时，所有的准备动作都来自脚部，尤其是双脚为了更好地抓紧地面而收紧使出的力量。在其之后，快乐分裂乐队[1]的主唱伊恩·柯蒂斯[2]则选择将双脚并拢，尽管这个动作没有那么夸张。的确，这一姿势很长时间都是属于摇滚乐手的，也就是乐队专用的姿势，完全和当今的那些时尚博主一样……

虽然从历史角度来看，这个姿势的存在是有些道理的，但从时尚角度来看，就不那么容易被人理解了。所以，如果是一个年轻女孩做这个姿势，会给人一种天真和单纯的感觉，甚至有点犯傻。如果是一位年纪大一些的女士做这个姿势，也会产生一样的效果，但首先会让人感觉她拒绝承认自己年纪已经不小，不能再撒娇了。同样，如果一位男士做这个姿势，踮起的脚会让他看上去很娘娘腔。在大多数情况下，微蹲着将手肘向外，并大张着脚尖做这个姿势会没有这么容易引起误会，就像《鸭子之舞》[3]中那样。

1　Joy Division，20 世纪 70 年代英国后朋克乐队中极具影响力的一支乐队，成立于 1977 年，解散于 1980 年。

2　伊恩·柯蒂斯（1956—1980），摇滚乐史上的"悲剧人物"，死于癫痫症。

3　一首有些俗气的法国歌曲，人们会在放该曲时模仿鸭子的动作走路，作者此处在讽刺踮脚这一姿势。

过度使用"公子哥"一词合理吗？

根据戈德温法则[1]的内容——只要是网上的辩论，一方最后肯定会说另一方是"纳粹主义"——我们应当根据这个内容也制定一个法则，以判断人们在谈话时提到"公子哥[2]"的频率。

因为，从最近的谈话中我们会发现，似乎"公子主义"无处不在，有一大批衣着讲究的时髦公子哥。而且这个词汇经常被用在一大帮男士名流身上。粗略列举一下，光在法国境内就有弗雷德里克·贝格伯德、尼古拉·巴多斯、托马斯·杜特朗、阿里·巴杜、米歇尔·德尼索、班雅明·毕欧雷、让·杜雅尔丹、埃德瓦·贝耶、阿里埃尔·维兹曼，还有吉约姆·卡内[3]，所有这些人都排在绝对的公子哥领袖之后：这里说的，是塞尔日·甘斯布[4]。

同样，"公子哥"这个词在当今的媒体中有许多不同的概念。除了经常被使用的《酷公子哥》（这个词妙在可以用来形容那些钟爱迪斯科音乐的人），我们还可以列举出小资公子哥、极致公子哥，反叛公子哥，老式公子哥、失败的公子哥或者绝世公子哥。在这些词之后，也许很快又会出现"傲慢的公子哥"，甚至是"拉肚子的公子哥"，这位公子哥可以完美地把一份关于管理艺术的文件在往返于卫生间时优雅地总结出来。

"公子哥"这个词被媒体以不同方式进行了改变，因此几乎不再有真正的含义，自然也就没什么价值了。的确，似乎只要不是一直穿着灰色花纹内裤加短裤，配一件沾了酱汁斑点的无袖大圆领 T 恤晃来晃去，每个男人都可以假装自己是个时髦的绅士。因为，单纯从造型角度来看，这是我们能够从上面列举出的名人身上看到的唯一优点。

然而，对"公子哥"一词的重新使用除了意味着人们对服装的要求降低了之外，还表示该词的用法已经大大违背了其本意。因为，如果我们对该词本身的来源保留疑问（它是否指的是英国 17 世纪时使用的小银币[5]？还是首先出现在 18 世纪末的美国歌曲《扬基小调》中？），我们会知道，自巴尔贝·多尔维利[6]和波德莱尔[7]开始讨论这个问题之后，公子主义就成了一种存在的方式，而非对外在的形容。

因此，与那些伪公子哥的行为相反，真正的绅士永远都不赶时髦。他没有特别喜欢的东西，不工作，不显摆自己，也不会在电视节目里烧 500 法郎的纸币，也肯定弹不好茨冈人的吉他。换句话说就是，真正的公子哥，也就是绅士，已经死了，如果他们对当今人们这样滥用这个词汇泉下有知，一定会气得在坟墓里翻个身。可怜的人。

1　又被称为"红黑法则"或"纳粹法则"（即指责对方为希特勒），指在公共话题问题上，交战双方辩论最终趋向于妖魔化对方的趋势。

2　Dandy，此处主要指那些衣着讲究的时髦绅士。

3　这些为法国著名男演员、歌手或是主持人，他们平日都以十分注重穿着的绅士形象示人。

4　塞尔日·甘斯布，法国歌手、作曲家、钢琴家、电影作曲家、诗人、画家、编剧、作家、演员和导演，是法国流行音乐史上最重要的人物之一。1991 年去世后，法国为他降半旗致哀。有一次他在电视上的脱口秀中故意烧了一张 500 法郎的纸币（当时在法国烧纸币是违法的），这一点和下文有关。

5　这种小银币叫作"dandyprat"，又作"dandiprat"，17 世纪时价值相当于 3 便士。

6　巴尔贝·多尔维利（1808—1889），法国作家。

7　波德莱尔（1821—1867），法国诗人。

同时留胡子、发绺并戴眼镜合理吗?

有些年轻人，无论是男生还是女生，并不满足于疯狂地收集时尚服饰，他们会将所有这些衣服都穿在身上。可以说，他们这样是在做傻事的同时，还暴露了自己的不良品位，因为当季最流行的包一般和最受欢迎的鞋子并不搭。而引领时尚的女孩一般也不会和引领时尚的男孩在一起，即使他们某天有可能在一场《Grazia》杂志[1]的时尚晚宴上接吻。

这和把胡子、一绺头发和雷朋徒步旅行者样式的粗框眼镜配在一起的道理一样。近些年来这几种脸部修饰法成了评价一个人是否酷的标准，这几种方法被分开单独使用时还是有意义的，因为这样做除了可以突出面部轮廓之外，每种方法都可以重新组织面部区域大小，让面部变得饱满或使面部有阴影效果。然而，如果将这三种方法同时用在一张脸上，那么整张脸就肯定会被淹没了，这会制造出一种修饰过度的毁灭性效果。

为了更好地看到这类饰品搭配在一起的效果，最有效的就是想象一杯鸡尾酒，比如说一杯"椰林飘香"[2]，然后想象除了一根吸管之外，我们给这杯酒又加上了粉色小纸伞、一串水果和一支塑料搅拌棒。对了，为什么不再加一片菠萝呢！这样一装饰，这杯"椰林飘香"不仅外观会变难看，还会失去真正的椰子味，并且无法让人放心饮用它。

因此，只要戴上一副眼镜，留胡子，再留一绺头发垂在额头或眼睛上，任何一个男人都会被挡住整张脸，并且失去自己原来的特色。就像那种满脸缠着白色绷带的人会变得隐形，并让人感觉像在极力隐藏自己有某种严重疾病的事实一样，或许是一种严重的皮肤病。缠着绷带也有可能是因为这个人本身过于害羞，甚至到了无法在公共场合露出自己的样子的地步。无论如何，隐藏在这些装饰后的人都无法隐藏自己对优雅一无所知的事实。想要变得优雅，就需要做减法，而不要附加很多东西。

其实，把这三种面部修饰法合在一起使用，比让那些政府官员身兼数职的做法更不值得推荐，所以，在留胡子、发绺和戴眼镜这三者中做出选择刻不容缓。虽然最为保险的肯定是只选择一种，但其实同时使用其中两种的方法也是可以的。同时留胡子和发绺看上去效果应该不错，同时戴眼镜和留胡子应该也可以。但是，如果戴眼镜的同时还留一大绺头发遮在眼睛上，从视觉效果上看肯定就没什么意义了。

1　1938年诞生于意大利的时装周刊，70年来始终是意大利权威畅销的时装周刊，也是欧洲最具影响力的时尚杂志之一。中文版名为《红秀Grazia》。

2　由白朗姆酒、凤梨汁和柠檬汁调制而成的一款鸡尾酒。

把裤子塞进靴子里合理吗？

人们在不断地更新"如何穿难看"的艺术，其方法之一就是将身上的各种衣服塞起来。他们可以毫不在乎地将毛衣塞进裤子，把 polo 衫塞进齐膝短裤，将衬衫塞进内裤里，甚至还能把裤子塞到靴子中。其中裤子塞靴子绝不少见。

而那些把裤子塞进靴子中的人绝不是随便或不小心才这样做的，他们完全知道自己在做什么。当渔夫去捉贻贝的时候，他们也把裤子塞在胶靴里，这样裤子就不会打湿了。而骑士上马时也会这么做，这是为了不让裤缝擦伤马的皮肤。同样，我们把运动裤塞到袜子里似乎也不是完全偶然的。在郊区，把裤子塞进靴子是不大可能成为时尚标签的，因为最初，毒品贩子就通过这样做来暗示客户可以进行交易，并且货很充足。

在这些把裤子塞进靴子里的人中，骑士、毒贩和捉贻贝的渔夫是最不应被指责的，他们这样做最起码是有原因的。而其他越来越多的人这样做，只是为了赶时髦。这种时尚效应是由两种单品的同时普及化带来的，也就是出现在男士衣柜中的紧身牛仔裤和那种来源于军靴或工装靴造型灵感的大靴子。因为牛仔裤太紧了，以至于无法覆盖靴子，还不如直接把裤子塞到靴子里面，这样正好形成了一种风格。可怜的伙计们，他们真是时尚的受害者。

的确，在这一做法的背后，隐藏着一个误会。多年以来，那些模特在走秀时也经常故意很明显地把裤子塞到靴子里，很多人误以为这是服装设计师特意设计的风格。而那些时装公司这样做，其实仅仅是为了让靴子能够完全被看到，这样买手们就能真正完整地欣赏这些大靴子了。同样的原则之下，如果一些模特走秀时把毛衣塞进裤子里，那也仅仅是为了让腰带能被所有人看到，而绝对不是一种风格上的选择。

再说，这又怎么会是一种风格上的选择呢？如果把毛衣塞进裤子会让人直接想到戴西昂组合[1] 的形象，那么把裤子塞在靴子里则会创造出相悖的效果，又娘又粗野，又做作又机械化。更具体地来说，就是这个时尚小心机会把腿部一分为二，并且会缩短身材。这一点应该会让那些厚靴子的爱好者们放弃紧身牛仔裤，而重新选择直筒裤，甚至是靴裤，也就是那种能够遮住靴子的喇叭裤。

---

1 Les Deschiens，一个法国喜剧组合，演出的造型都十分滑稽。

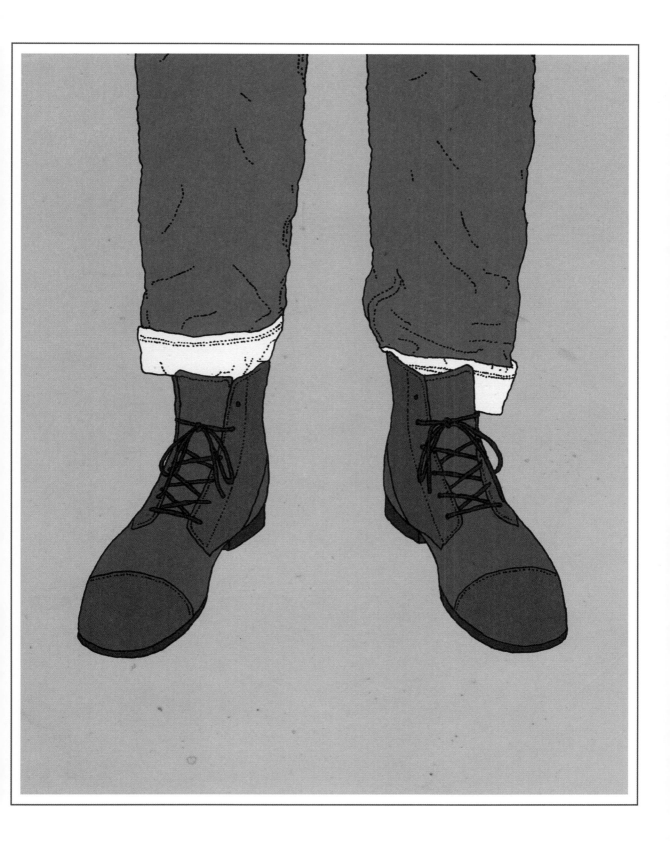

在戛纳不穿无尾礼服合理吗？

1953 年 4 月 15 日，在戛纳电影节开幕几小时之前，尼勃罗·毕加索[1]给电影节主席让·科克多[2]发了一封语气担忧的信件。毕加索想于当晚参加亨利－乔治·克鲁佐[3]执导的电影《恐惧的代价》的放映会，但害怕被拒绝入场，因为他不能遵守当晚的着装标准。毕加索没有无尾礼服，也不想买一件，因此，他希望获得允许，请求拥有不穿礼服的特别待遇。

下午，科克多就回复了毕加索。出于友谊和对毕加索的欣赏，他同意了这条特殊申请，并请求毕加索"穿着自己的艺术家装束"出席电影节。夜晚来临时，我们的画家由其友人弗朗斯瓦兹·基佑陪同，穿着自己平时穿的黑色天鹅绒衣服，和一件特别粗糙的羊皮大衣来到了电影节主会场。这是个很棒的选择，因为与众不同。而毕加索也由此为戛纳的着装标准打开了一个极具影响力的突破口。

然而，在戛纳穿礼服这一规则也有其历史和存在的理由。1946 年 9 月，第一届电影节其实是在戛纳的老赌场举行的，当时所有的赌场都要求进出其中的男士必须穿着无尾礼服。这一着装标准也因此被应用到了刚刚诞生的电影节和随后的几届上，尽管当时的戛纳市市长，某位叫让－查尔·安托尼的先生提出反对意见，希望游客能够"在世界上最不注重着装的城市中完全感到自在"。

如今，那些没有那么精确的"晚宴着装"要求使得女士们可以穿着各种奇装异服，从 1991 年麦当娜的内衣裙到 2001 年比约克[4]的天鹅裙，再到维多利亚和艾微儿那些几乎裸体的装束。而男士们却一直没有选择。他们只能像电影节所要求的那样，在白天参加放映会时满足于穿"正确的着装"，也只能接受穿着"无尾礼服"参加 19 点 30 分到 22 点 30 分在电影节主会场举行的晚宴。

在毕加索之后，很多人也都尝试过不遵守戛纳的着装标准。1977 年，在《荣耀之路》放映会上，大卫·卡拉丁[5]就赤脚登上戛纳主会场台阶。20 年后，U2 乐队主唱波诺[6]也通过身穿牛仔裤，头戴鸭舌帽做了相同的大胆尝试。细心的人应该会记得，2010 年一个在《农场》电视真人秀节目中出现过几天的，名叫克里斯朵夫·基亚梅的明星，因为穿了一件橙色西装外套而被拒绝登上主会场台阶。

归根结底，这并不是服装的问题，而是人的问题。因为同样选择穿奇装异服，在毕加索身上就是合理的，但在其他任何人身上就是为了吸引眼球的刻意手段。实质上，道理一直是这样：我们总是会原谅那些对自己要求严格的人。

---

1 巴勃罗·毕加索（1881—1973），西班牙画家、雕塑家，现代艺术的创始人，西方现代派绘画的主要代表人物。

2 让·科克多（1889—1963），法国诗人、剧作家、电影家，1955 年入选法兰西学院院士。

3 亨利－乔治·克鲁佐（1907—1977），法国电影导演、编剧、制片人。

4 比约克，冰岛女歌手、戛纳影后。

5 大卫·卡拉丁（1936—2009），美国导演、演员，代表作《杀死比尔》。

6 波诺（Bono），原名保罗·大卫·修森，1960 年 5 月 10 日出生于爱尔兰都柏林，音乐家、诗人和社会活动家。他是爱尔兰摇滚乐团 U2 的主唱兼旋律吉他手。

故意松开领带合理吗?

　　从《法国好声音》到《新明星》，TF1 或 M6 频道电视选秀节目的造型师们给选手和评委设计造型的技巧十分可怕，这使得这些选手和评委看上去很可笑。这些造型师往往喜欢给他们穿上可笑的紧身裤、闪闪的衣服、丑得不行的皮衣，戴上五颜六色的帽子。但他们最喜欢的，就是给他们戴条领带，再故意把结松开一些挂着。

　　在好几周的时间里，《法国好声音》的评委，可怜的路易·贝提那克就这样每晚在 TF1 上戴着条松开的挂在胸口的领带，领带的结和他的两个乳头几乎完美地处在一条直线上（他没有敞怀，但结的位置正好让人可以看清一个男人的乳头在哪儿）。这三个"点"也正好在不知不觉中形成了一条直线。无论从哪个角度，我们都可以把这条线看作糟糕品位的标记线。

　　这种戴领带的方法最早出现在 21 世纪初，接着在 10 年内流行起来，领带也逐渐重新成为大受欢迎的时尚配饰。然而这一造型上自作聪明的做法其实包含了许多错误，这样做会机械地在脖子周围空出一块不合适的区域，刻意地让人将胸部暴露出来。同时，这样也会使得领带的两端掉得比正常高度低得多。其中一端掉到汤里，或者在主人小便的时候弄湿的风险也因此增加了十倍。

　　不过还有更糟糕的状况，领带松开挂在脖子上晃来晃去时，其实看上去会像是马上要被送上断头台的犯人脖子上的上吊绳。这条领带也会因此给人一种热衷于这样戴领带的人马上要赴死，放弃了一切，并且毫不注意自己的外表的印象。而且，这样戴领带的人往往会同时配一条滑溜溜的牛仔裤，一件滑溜溜的搭在裤子外面的衬衫，再理一个看上去让人想死的发型，如果看到也不必震惊。

　　到了一天结束，稍微让脖子解放一下也不是完全无法理解的，就像弗雷德里克·达泰依在《今夜或不再》的舞台上十分夸张且骄傲地将领带松开，并没有任何特别的意思一样。当然，这种情况不包括那些造型师。因为，一档直播节目播出之前几分钟的时间是非常紧迫的，即使利用这段时间故意给别人打个松松垮垮的结也不是没有可能……

穿紧身衣合理吗？

现代人在许多方面都倾向于将自己看得比实际上要高，而当一个人在穿衣时，则会表现出一种神奇的谦虚。人们在这时会把自己看得比现实中矮小，从而选择穿上那些过紧的衣服，衣服紧绷在肩膀、腹部、大腿、腰部、肱二头肌上，甚至连脚踝处都是紧的。人们也会故意选择那些被英美人命名为"苗条款"和"极瘦款"的衣服。

事实上，这一造型运动并不是突然出现的，只要我们回忆一下 20 世纪 80 年代流行的宽肩外套和接下去的 10 年中风靡许久的"宽松风"就会明白了。当今正流行的紧身衣和窄小衣证明了保罗·波烈 [1] 在 20 世纪初提出的定律：一旦某种流行趋势走到了极端，它就会走向完全相反的方向，也就是我们所说的物极必反。

从理论上而言，这种"紧身"的趋势从纯美学角度讲是毫无意义的，因为这已经是一种古里古怪的迷信了。按照以前的逻辑，在 90 年代初，某些足球运动员选择穿特别小的鞋子，只是希望可以更好地感受到足球，从而让自己的技术更加高超。现在穿紧身衣的人们以同样的道理，也认为这样会让自己变得更好看。肌肉发达的人觉得这样可以展现自己的长处，胖子们觉得可以遮住自己的缺点，而那些特别瘦的人则也许是觉得自己没理由不这样穿。

显而易见，他们搞错了。因为那些故意不好好穿鞋的足球运动员最终还是会面对很糟糕的局面（问一下居依·鲁就会知道，他以前执教的一位名叫克里斯朵夫·科嘉尔的运动员，因为穿了一双比自己码数小三码的鞋子而受伤休养了很久……）。被紧裹在衣服里的人们最终还是会给人一种不舒服、不优雅的印象。而对于他们中那些最胖的人来说，穿紧身衣更会弄巧成拙。他们穿的衣服变成了紧贴身体的外壳之后，更会凸显出他们身上的赘肉。他们坐着时，裤子会掉到臀部，衬衫纽扣间的区域会崩开，从而暴露他们吃了太多三明治的事实。站着的话，背叛他们的就会变成外套了。把外套扣上，那胃部一块就会皱起。不系扣而把外套敞开的话会更糟糕，因为根据一条亘古不变的规律就是：敞开外套总是会让人看起来比实际上重 5 公斤。

21 世纪初这种穿法被一些设计师推广开来，比如拉夫·西蒙斯、吉尔·桑达或艾迪·斯理曼。接着，随着弹力牛仔裤和收腰衬衫再度流行起来，紧身衣也接着这股东风流行开来，这一趋势和当年的"宽松风"趋势却有着一样多的缺点。事实上，我们需要在太大和太小之间了解自己最准确的尺寸。这样做的话可以帮助我们在商店买东西时不必盲从导购员的建议，也不会再在镜子前把肚子吸进去了。

---

1 保罗·波烈，幻想时装大师，于 1879 年 4 月 20 日生于巴黎，他一生的事业都在巴黎。

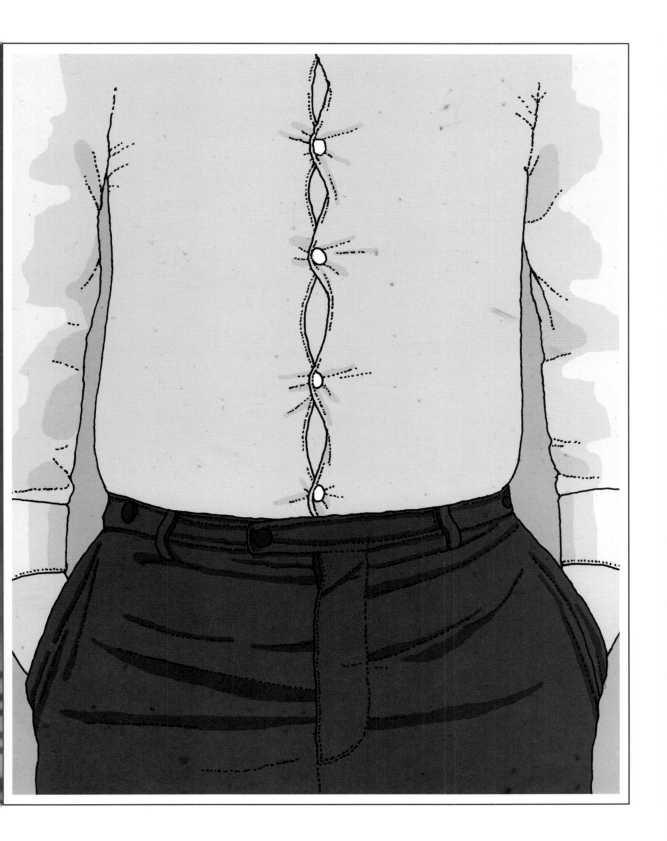

在公共场合穿小背心合理吗?

现代的男人对于在家里穿着奇怪的内衣，瘫着好几个小时什么都不做是绝不会拒绝的，他们甚至敢把类似的装束穿到外面的公共场合。虽然不会经常在街上遇到穿着短裤的先生，但只穿着一件小背心就出门的男人可绝不少见。

穿小背心已经不仅是一种出于方便的考虑了，它已经变成了一种经过深思熟虑的造型选择。似乎只有一些丝毫不注重外表、爱抽吉卜赛女郎牌[1]香烟的老烟鬼才会毫无顾虑地穿着睡衣在街上遛狗，但如今穿小背心的，往往是那些非常注意形象的年轻人。对于他们来说，小背心甚至可以充当他们夏天参加社交活动时的盛装。

一些男士穿小背心表现出他们想要自我展示的意愿，因为这样可以展示自己在地中海度假时练出的臂部肌肉，而这也同时表现出了这一服饰地位的变化。小背心出现于 19 世纪，并在很长时间内都很少被公众看到，因为它一般都藏在衬衫下，只有在家中的私密空间才露出，而如今，它已从私人空间走向了公共空间。

从《欲望号街车》中的马龙·白兰度到《虎胆龙威》中的布鲁斯·威利斯，再到《愤怒的公牛》中的罗伯特·德尼罗，小背心成了那些硬汉角色的装束，美国人甚至给它取了个可怕的外号：打妻子时穿的衣服。虽然一系列美国演员在 20 世纪后半叶已经将这一穿法发扬光大，但在法国小背心则是最近 20 年才开始普及起来。

小背心自然而然地受到了 20 世纪 90 年代涌现的一批摇滚乐队的欢迎，而真正把这种穿法变为特色的，则是几年之后的电视真人秀的参加者们，比如《阁楼故事》。这种节目就是将参加节目的嘉宾的私生活暴露给每个人看，参加者们可以在里面穿着只有在私密空间才穿的衣服。这样一来，他们在不知不觉中就让观众们搞混了私人空间和公共空间的概念。而由于他们在这类节目中穿小背心，公众便以为这种衣服也可以穿到外面。

我们也不能认为这种穿法全是真人秀参加者的贡献，因为在法国，我们用一个老内衣牌子，来把小背心戏称为"马塞尔"，这说明这种衣服是有问题的。无论如何，在我们的认知中，小背心是唯一一种男人穿出去后不能叫出租车的衣服，因为这样会显得很不文雅。

1　一种味道浓烈的黑色卷烟，由西班牙和法国共同经营的 Altadis（阿塔迪斯）公司出品，历史相当悠久。

在城市里穿人字拖合理吗？

对于很多人来说，夏天的到来意味着度假的开始，而对于某些人来说，这也是可以展露身体和炫耀身材的机会。虽然我们不经常在城市里见到光脚的人，但露出脚趾，穿着凉鞋、罗马鞋的人可不算少见，穿人字拖出门的人就更多了。

事实上，在公元前 5500 年的埃及，穿人字拖就已经被普及化了。当时的埃及人主要是为了让脚通风，更加凉快。人字拖的普及标志着城市便服的变化，甚至显示了人们对着装要求的普遍降低。因此，好像如今在城市里穿以往只能在海滩上，或者至少只能在度假时才穿的衣服，已经被完全接受了。

几年前，宽松式的游泳短裤也以这样的方式成了日常服饰，这使得游泳馆不得不规定人们必须穿紧身游泳裤才能进游泳池。而人字拖已脱离了原来的环境，成了真正的时尚单品。现在，我们可以在卖场中看到贴着花的人字拖、高跟人字拖、点缀着羽毛的人字拖，甚至还有镶嵌了珠宝的人字拖，就像那种几年前出现的镶嵌着珠宝的丁字裤一样（仔细想一想，人字拖难道不就是脚的丁字裤吗？）。

因为穿人字拖走路时会发出轻微的声响，所以人字拖被魁北克人戏称为"咕咕鞋"，被比利时人称作"刺啦鞋"，被英国人说成"啪嗒鞋"。而人字拖的流行应当在很大程度上都归功于美国大学生们。他们在结束传统的春假，从坎昆[1]度假返校时，已经在多年的时间里习惯于在校园中穿着自己在海滩上穿的人字拖了。这也使得他们中的很多人即使不穿 UGG，也没有变优雅……

不过，即使人字拖风靡全球（巴西品牌哈瓦那每年销量达 1.62 亿双），它还是一种登不上大雅之堂的鞋。穿人字拖意味着要把身体不太美观的一部分露出来，并且还会让穿鞋的人遇到危险。在都市中，人们结束一天的工作后很有可能会因为穿人字拖而断掉趾甲，或是在追赶公交车时把鞋子跑掉。如果一定要做个选择的话，还是穿麻底帆布便鞋好一些。

---

1 墨西哥著名国际旅游城市，位于加勒比海北部，墨西哥尤卡坦半岛东北端。

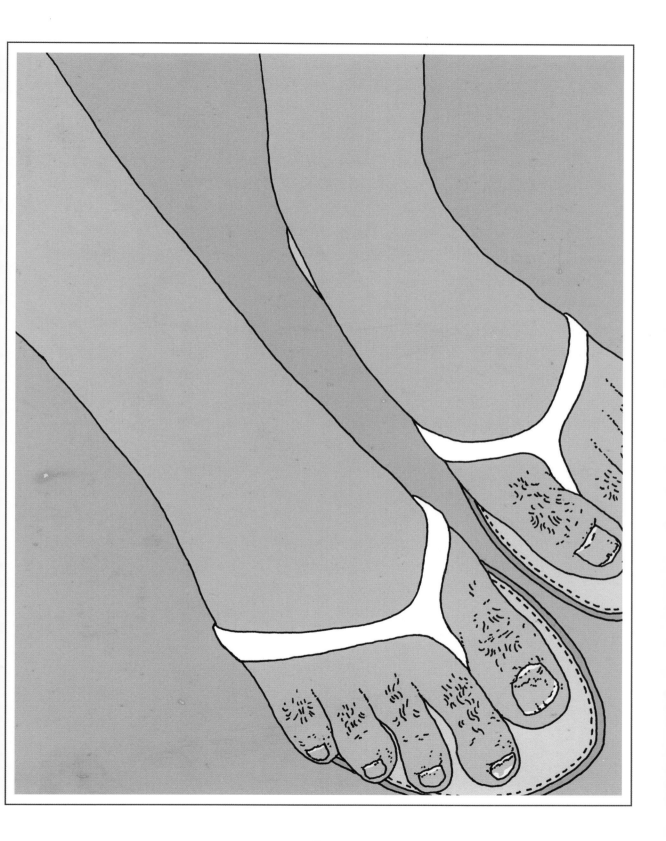

穿戴荧光色衣物合理吗？

　　时尚往往是由街上的人创造的，因此有些人也许会以为时尚完全来源于街头。几个月以来，那些以往只有筑路工人、法国公路管理局职工、公路收费站工作人员或是高速公路清洁工的衣服才用的荧光色，已经出现在了人们的日常服饰中。

　　具体而言，荧光色，尤其是黄色或橙色，在当今似乎已经成了人们热衷于追求的时尚。这种颜色被用在多种不同材料上，从人字拖、V 领 T 恤，到足球运动裤，再到手包，荧光色已经不再仅仅是那些寻找身份认同感的青少年们抹着发胶跳电音舞和逛街时喜欢穿的颜色了。它已经变成了一种被大众所广泛接受的颜色，就像深紫色和砖红色一样。

　　20 世纪 80 年代初次出现荧光色的日常服饰，当时这种颜色大为流行过一段时间。不过如今该类颜色的普及化也很明显地展现出了时代精神。高速公路清洁工穿荧光色衣服，是为了不计一切代价让自己在救出一只不小心跑到高速路上的刺猬时，不断被那些开车的人反复看到，甚至获得别人的赞扬。而现在，这样的想法已经演变为许多普通人想要引起他人关注的执念。

　　荧光色让人们对于安全的担忧变得可见，也将这种视觉层面的担忧物化，并保证了穿该类颜色衣服的人永远不会被看作是透明人。荧光色可以让那些必须被记住的物品更加显眼，甚至可以一下就吸引别人的目光，因为一般只有很重要的东西才会是这种颜色。而制成这类颜色需要复杂的技术，过程是分子吸进光子之后变活跃，而产生颜色。荧光色一直是一种特殊的颜色，它带来的视觉影响十分独特，甚至可以说是非凡的。

　　在众多针对荧光色视觉影响的研究中，一项美国的调查显示，在很多不同颜色的物品中，我们对荧光色物品的记忆力比其他物品几乎强两倍。而另一项英国的研究，则指出一个人穿着荧光色衣服时所吸引到的目光比他穿黑色衣服时高了 30%。然而，这项研究没有明确说明，这些目光是赞赏的还是蔑视的，也没有说明，假设两个穿着荧光色衣服的人在街上碰到是否会互相欣赏。而根据时尚更新的节奏和自私者相聚的概率来判断，这一假设是完全有可能发生的。

太做作了

把外套袖子卷起合理吗?

因为以前的工人们会在干活儿之前把衬衫袖子卷起来，骑自行车的人也会花时间把 T 恤的袖子卷一卷以便夹住烟头，所以现在这么做的年轻人自以为卷起袖子是继承了前人的传统。一段时间以来，这些年轻人中的某些男男女女无论何时都要把外套的袖子卷起来，而且似乎通过这样做而享受着某种快乐，毕竟就连时尚杂志都承认，这一做法是很棒的。

然而这样做并非明智的行为。18 世纪初，皇家海军的水手们就已经开始把制服外套的袖子卷起来了，他们这样做是为了航行时更有效率。接着内科和外科医生也纷纷为了工作上的方便而效仿这一做法。他们不仅清理手术台时会卷起袖子，也会在孕妇难产时这样做，以免袖扣掉到脐带中。勒·柯布西耶[1] 抛弃领带而选择带蝴蝶领结也是出于完全相同的道理，他这样做，是为了保证以后不会有哪怕是一小块布影响和打乱自己的工作计划。

其实，很多时候往往不是一个行为本身有什么特别的问题，而是其从有用到无用的转变有一些问题。现如今的外科医生们长时间穿着袖口处本就是收紧的无菌工作长袍，连他们都没什么理由再卷起袖子了，所以普通人就更没必要为了让衣服变得更好看或舒适而这么做了。20 世纪 80 年代中期，电影《迈阿密风云》的主演，可笑的唐·强森，就是出于这个理由把自己的阿玛尼牌外套的袖子卷起来的。这一做法在真正流行之前，甚至成了他的造型标签，随后即被当时的很多流行组合效仿。

如同很多时尚潮流一样，卷袖子的风潮也是走了又来，来了又走。人们既不知道它流行的源头，也不明白它是如何火起来的。从纯美学角度来看（当今这一做法也只剩这方面的意义），这是十分荒谬的。外套袖子被卷起之后，长度缩水为原来的四分之三，这打破了外套不同部分比例的微妙平衡。如果一件外套的袖子是被卷起的，那么外套本身就会显得过长，它的颈宽和胸部位置则会被加深。关于袖子的长度这一点，事实上永远只有一个规则需要去遵守：外套的袖子应当比衬衫袖长两厘米，仅此而已。

1　勒·柯布西耶（1887—1965），20 世纪著名的建筑大师、城市规划家和作家。

女孩子戴领带合理吗？

既然巴尔扎克善意地提醒了我们"天才人物的领带和平庸之辈的完全不同"，他本应该也告诉我们，那些自由、独立，可能还叼着烟斗的，比如乔治·桑[1]那样的女性所戴的领带，和那些风靡一时，带着一丝摇滚朋克气息，比如艾薇儿·拉维尼[2]那样的女性佩戴的，也没什么关系。光凭这一点已经足够让人们看出《魔沼》[3]和《滑板少年》[4]作者的不同了。

领带于这两类女性如此不同是因为，起初领带对于女性来说是一种政治化的体现。从弗洛拉·特里斯坦[5]到乔治·桑，19 世纪的女权主义者们脱去紧身胸衣和衬裙，而将完全男性化的领带据为己有，她们实际上是强调自己过自由积极生活的权利。在同一时期，美国女权主义者艾美利亚·布鲁姆为女性正式确定了一种被称为"理性"的活动装束。这种装束除了要求身着小脚阔腿裤，还得佩戴一条白色男士领带。当时领带还不是时装单品，而是一种解放的象征。转折点出现于 1975 年，帕蒂·史密斯[6]的首张唱片《马》问世之时。唱片封面由这位歌手的朋友罗伯特·梅普尔索普拍摄，帕蒂在封面中身穿白色男士衬衫，并拿着一件黑色的西装外套搭在自己肩膀上，她的脖子上则挂着一条完全解开的细领带。就这样，帕蒂·史密斯在不知不觉中创造了一种时尚潮流。很久之后，许多一线品牌的设计师，比如艾迪·斯理曼[7]和安·迪穆拉米斯特[8]，都称自己曾受到梅普尔索普的这张照片和帕蒂在其中的风度的影响。

在广泛去政治化和平凡化之后，如今佩戴领带对于女性而言已经成了一种新的造型配饰和体现自己时尚品位的小心机。电台音乐会中的摇滚朋克女歌手们喜欢穿白色 V 领毛背心，上面戴极细的红黑色领带。女同性恋者们会学电视剧《拉字至上》的女主角沈那样去戴领带。在"酗酒之夜"中，英国女人则喜欢把领带戴在解开扣子的衬衫上，再穿条灰色或海军蓝色法兰绒迷你百褶裙，就像准备脱下制服的小学生一样。

女性和男性佩戴领带几乎有着一样多的方式，从纯造型的角度来看（因为领带后来的功能即在于此），女性戴领带似乎显得有些不恰当。没有花领结那样柔和与亮眼，女性戴领带似乎是强制性的，甚至有点特意装扮的意味。

显然也是因为这点，女性服装的传道者，伊夫·圣·罗兰[9]也一直与领带保持距离，他更喜欢设计所有类型的结状饰物，以及低胸女装……

1　乔治·桑（1804—1876），法国著名小说家。

2　艾薇儿·拉维尼，生于 1984 年，加拿大女歌手、词曲创作者、演员。

3　乔治·桑 1846 年所发表的中篇小说。

4　艾薇儿首张专辑《Let Go》中的第三首歌，艾薇儿成名曲。

5　弗洛拉·特里斯坦，法国作家、社会活动家、男女"平权主义者"。

6　帕蒂·史密斯，生于 1946 年，美国创作歌手和诗人。1975 年，她的首张专辑《马》（Horses）受到当时刚刚兴起的朋克运动的影响。

7　艾迪·斯理曼，1968 年 7 月 5 日生于法国巴黎，突尼斯意大利混血，著名设计师。

8　安·迪穆拉米斯特，生于 1959 年，比利时著名设计师，毕业于比利时安特卫普学院。

9　伊夫·圣·罗兰（1936—2008），世界著名设计大师，法国时尚界传奇人物，创立品牌"圣罗兰"（YSL）。

使用发胶合理吗？

如果要描述男人和女人是因何感到无法相互理解的，发胶会是个不错的切入点。事实上，男人们每个早上给头发抹上发胶时，都告诉自己：这样做是在增加最重要的魅力。而女人们则觉得他们这样做无异于那些热衷于美黑或拔眉毛的人，也就是说他们这样做只会适得其反，不仅不会变得更有魅力，反而会降低自己的颜值。

客观上讲，发胶爱好者有很多缺点。每个早晨，当他们用手摸头时，都会感到头皮很油，手指也黏糊糊的。每天晚上，当发胶硬化，无法继续让头发保持造型时，他们的头发会黏成一块，像一团稻草一般。从早晨到晚上，不过是他们渐渐陷入地狱的过程。因为用发胶做出的造型，是非常脆弱的。

无论是发蜡还是精油，发胶类产品一般都是由水、酒精、化学胶质物构成的，实际上它的作用是将头发保持在一种非自然的状态下。发胶是反自然的，它与大自然的战斗是注定会失败的，但它的使用者们却依然对此抱有幻想。因为发胶爱好者们总是想要拥有不属于自己的发型，如果自己的头发是卷的，那他们就想把它拉直；如果自己的头发干枯，那就得把它打理顺滑；如果自己的头发太脆弱，就会想让它变得很坚韧，并且可以像电视上的广告里那样，硬到可以打破墙壁。

这就是问题的关键所在。使用发胶可以让一些人的外貌引起误会（留三天胡子并抹上发胶会让一个老实人看上去像个从勃麦特监狱[1]逃出来的小流氓），同时这也说明，有些人抹发胶只是一种孩子气的行为和缺乏自信的表现。

一旦你不再是个青少年了，就应当努力接受自己的身材和发型。也应当找个好理发师，选好发型，以后回到家中，在每个早晨努力保持做好的发型，而不要总是试着站在镜子前把头发拨来拨去，再给它们抹上黏糊糊的东西。归根结底，我们应当学会认识自己，因为这才是一个男人吸引女性的最好方法。

---

1 法国第三大监狱。

在衬衫上绣名字首字母合理吗?

就像家用电器推销员佩戴写有自己名字的徽章，参加闪约晚会的人身上贴着写有自己名字的贴纸一样，那些爱打扮的人有时也会以卖弄的方式，显示出能够代表自己身份的元素。在这种时候，他们往往会选择在衬衫上用花体绣上自己名字的首字母。这一做法至少可以让别人判断出他们和自己之间的关系，以及和自己衬衫的关系。

喜欢在衬衫上绣花体字母的人这样做没有丝毫实际意义。和推销员或那些参加晚会的单身人士相反，他们不是为了拉近与他人的关系而这样做的。不像小狗撒尿是为了标记自己的领地，他们绣名字并不是为了证明自己是衬衫的主人。其实，对一般人来说，凭借穿衬衫这一简单的行为，就足以判断衬衫主人的身份了。

在衣服上加上某种标签没有任何实际意义，而仅仅是出于人的虚荣心。推销员和单身人士这么做是为了遵从某些规则（推销员遵从公司制度，单身人士遵守游戏规则），喜欢在衬衫上绣花体字的人则是为了展示自己的权威和水准，同时刻意显摆自己的衣服是量身定制的。他们以为自己这样做，是在效仿中世纪一代又一代的骑士给自己的武器刻上纹章的行为。

显而易见，他们误会了某些东西，就像人们以为给一辆福特蒙迪欧[1]轿车的轮胎挡板加上副翼，会引起他人的羡慕一样。因为时至今日，定制一件绣有自己名字首字母的衬衫的价格不超过 70 欧元。在衬衫上绣花体字，已经不再是衬衫高品质的保证和衬衫主人优秀经济实力的象征，而是对服装的一种过度装饰，这样做只会显得穿衬衫的人庸俗且没有品位。

在衬衫上绣花体字这一做法除了很无聊之外，其实也会把衬衫本身弄脏，和在衬衫上加个商标、滴一滴意大利面的酱汁或者衬衫被夹在口袋里的钢笔墨水染色的效果如出一辙。的确，无论名字首字母被绣在胸口处、侧面还是袖口（意大利贵族后裔、著名富豪拉普·艾尔坎恩[2]就习惯在袖口绣一面意大利国旗），它都显得很多余。尤其是当我们绣的是，比如说，"Pascal Dorian"或"Patrick Quesneau"[3]这样的名字时。

---

1 福特汽车的一款轿车，价格不高，作者在此处举此例来讽刺过度装饰的行为。

2 拉普·艾尔坎恩，阿涅利之孙，意大利菲亚特家族继承人。

3 这两个名字的首字母 PD 和 PQ 在法语口语中的含义分别是同性恋和卫生纸。

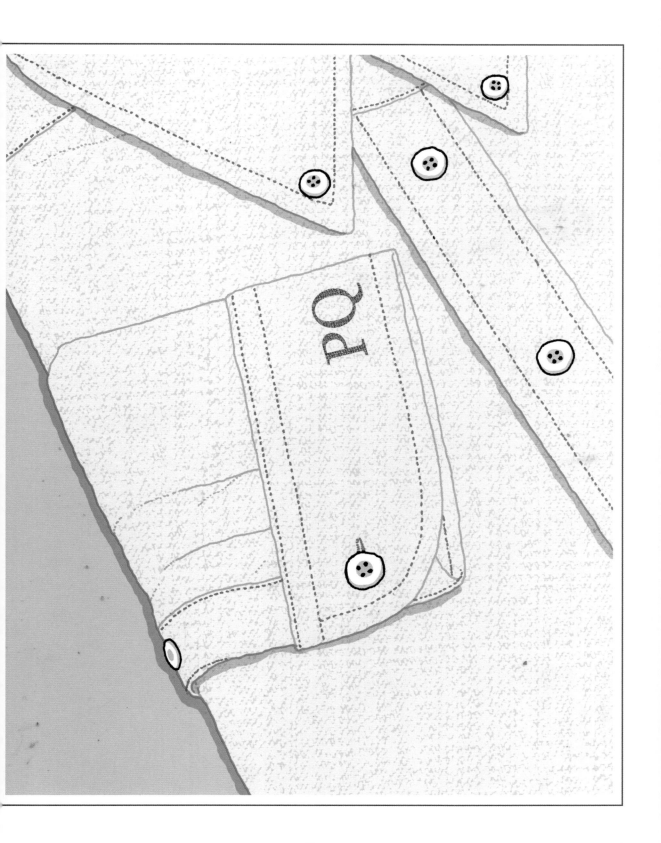

把包挎在手肘处合理吗？

现在的男人们可以把一只像杂粮三明治那么鼓的钱包，放进牛仔裤的屁股口袋里，现在的女人们也认为可以对自己的包为所欲为。比如，她们会把包挎在手腕上，夹紧自己的手肘，再伸出一部分手臂，神情傲慢地走来走去，因为她们觉得这个动作一定会显示出自己的高贵。

提手挎包的女性没有背斜挎包的人那么轻松，也不像背包爱好者们那么行动自如，她们把包挎在手肘处时，总是会显得僵硬而做作，仿佛一个正在从底层老百姓人群中穿过的女王一般。因此，世上所有装腔作势的人这样拿包并不是出于偶然。比如维多利亚·贝克汉姆、伊丽莎白二世、时尚博主嘉兰斯·多尔。

这种卖弄自己的方式最早出现于 20 世纪初期。女人们为了显示出自己最好的一面，在出门时一定会带上的东西只有化妆品。所以她们有时会很喜欢拿一个小包，把它小心翼翼地夹在胳膊下，或者拿在手中。其余时间她们则喜欢为了显得更好看而手挎一个提包。这种装饰性包的代表是 20 世纪 30 年代爱马仕推出的凯丽包。

近 80 年后，尽管女性已经大大扩展了自己的活动范围，拥有了更高的社会地位，但比起设计实用的包，时尚设计师们还是更倾向于设计注重外形的包，比如那些最昂贵而知名的，迪奥 Lady 系列、圣罗兰缪斯系列、或者 LV 的 Speedy 系列，这一类包通常只有一条腕带或是极小的手柄，因此并不能背在肩上，也不能挎在手肘处，从而大大限制了其主人的行动。可以想象，手上坠着这样一个包来逛旺多姆广场，比在一个周六下午推着婴儿车穿梭于巴黎大区快速铁路的夏特雷大堂站的过道还要困难。不信可以试一试。

这样拿包几乎是毫无意义的，除非你隐居世外。根据一些医学研究，这样的拿包方式甚至会引起一些危险。这样拿包的话，包会比被背在肩膀上时重三倍，因为这样更远离人体的中心。同时，现在中等大小的包比 30 年前重了两倍，因此这样拿包也真的很容易患上网球肘这类疾病。在日本，就有许多女性因为这样拿包而患上这类疾病，因肌肉酸痛而接受治疗。

把 polo 衫领子立起合理吗？

一般而言，那些退休人员会将 polo 衫束在裤子里，潮人们会扣到最后一个扣子，而那些家境还不错的年轻人们也不是没办法去"虐待"自己的 polo 衫。他们将 polo 衫的领子立起来，并拼命地让它保持不倒，乐此不疲。这种行为和他们在寒冷的一月夜晚固执地开车到多维尔海边，并打开车的敞篷有异曲同工之妙。

Polo 衫的出现其实和这种时尚的小心机毫无关系。1929 年，鳄鱼牌最先设计出了这种上衣，主要为了给那些经常做高强度运动的网球选手提供便利，而这样设计领子部位，也是出于同样的目的。Polo 衫的领子比当时网球选手们穿的短袖衬衫的领子短，并且比马球运动员们那种扣子一直到脖子的衣服柔软，所以可以在网球选手们奔跑于赛场之上时避免有块布会碰到他们的脸的问题，但首先它的领子得是平的，感觉不到，并且几乎看不到的，否则它就毫无意义和实用性。将领子立起来的话，那它最后肯定会塌下去，而这就是问题所在。

水手们把大衣的领子立起来时，他们的领子会一直保持直立状态，并且保护他们免受寒冷与日晒。而亨弗莱·鲍嘉在《卡萨布兰卡》中把自己的雨衣领子竖起来，则是为了防雨。同样，19 世纪时，把外套领子立起来也没什么好羞愧的，因为这样做可以有效地保护自己不被吸血鬼咬到脖子，或者显示出警察永远不会抓住你[1]。所有这些立起领子的方法都有风格，因为这样做都是有意义的。但是把 polo 衫的领子竖起来的人要么是想搔首弄姿，要么是想显得自己与众不同。

这种荒唐的时髦行为是 1980 年在美国精英学生的时尚教材《权威预科生手册》中首次被确立并受到保护的。和已经十分普遍的将毛衣系在肩膀上的做法一样，竖起领子这一行为突然出现并马上成了社会地位的标志。这是因为，那些装腔作势的人和为了冒充精英分子而故意这样打扮的骗子很快就学会了这种穿法，并让它失去了价值。

虽然在美国，一个人把 polo 衫的领子立起来，从优雅的角度看等同于在如今把屁股贴在客车窗户上的这一行为，但在法国，立起领子却还是比较受欢迎的。因此，在一些危险场所，越来越容易碰到那些发型整齐的年轻人，他们穿着 polo 衫，并把领子立起来。好消息是，这些领子最后都会塌下来，而这或许也意味着，这些领子立起的 polo 衫主人也会形象倒地。

1　19 世纪的小偷会把领子竖起来，以防警察抓住他们。因为当时在欧洲，警察经常抓住犯人的脖子。

在肩上系一件毛衣合理吗？

　　精致的人和平庸的人之间的差别在于他们打蝴蝶结的能力，前者不用像后者一样去参考社交礼仪书籍就能打出来，而那些自命不凡的人水平则更加"高超"。他们可以在肩上系一件毛衣，就像超人的斗篷那样，这样他们就能伸直胳膊，飞向多维尔的海边了。

　　虽然这样系毛衣的方法跟出入于深海的水手们打结的方法没什么关系，但它却在风格上与洗海水浴这一休闲方式有很大联系。无论是在多维尔、图凯，还是在拉博尔，黄昏时分温度都会骤降。所以，为了不在从海水浴疗中心去往酒吧的路上着凉，在自己的鳄鱼牌 polo 衫外面披一件小羊毛衫很实用。

　　现在这一时尚穿法已被视为最保守的一种，而它首次出现，是在 20 世纪 60 年代初美国品牌希尔斯的邮寄销售服装目录中，而这一穿法当时在白人区尤其受欢迎。和将 polo 衫领子竖起一样，在肩上系一件毛衣也迅速成了精英阶级的身份象征，并且漂洋过海，在法国也开始流行起来。20 世纪 80 年代，法国的贵族阶层开始流行起这一穿衣方法，最后还发展出了新规则：毛衣的颜色要能和伯灵顿牌袜子及韦斯顿牌低帮便鞋和谐搭配起来。

　　如今，虽然许多小资阶级衣橱中的衣服与配饰，如巴博尔牌服装和船鞋，都来源于贵族阶级的装束，但将毛衣系在肩上这一做法往往只有贵族阶级才会选择，并且有很多社会上的普通人并不喜欢这一穿法。的确，这种风格的爱好者总是冒着这样的风险：如果左派的人看到贵族这样穿，有可能会拿毛衣的袖子勒死他们……

　　因此，应当找到其他方法以适应多维尔海边的气候。完全可以学习意大利人的做法，夏天时，在肩上简单地披一件外套或是背心，不要把袖子系起来。系上袖子这一选择其实很危险，它至少有可能将毛衣拉变形，掉到腰部位置。而这样也会让人感觉屁股很热，因此很不舒服。

新年前夜盛装打扮合理吗？

在好莱坞的一场官方仪式上，老约翰·韦恩坐在年轻的迈克尔·凯恩旁边，与他分享着自己的生活经历。在给凯恩提了一些专业上的建议之后，韦恩又提供给他了一个十分重要的造型建议：

"后来，英国人凯恩说：'这一天，约翰悄悄告诉我，永远都不要在晚宴上穿麂皮鞋，因为在卫生间，一个醉汉很有可能会在小便时不小心沾到你的鞋子而把它毁了。'"不过，凯恩从未违反过这个规则。这也让他在成为一个成功演员的同时，也成了最会穿的演员之一。

除了麂皮材料本身的易毁性之外，韦恩的建议也隐含了关于穿着的一个基本原则。在这一原则下，真正的优雅不是在身上同时穿好几件自己最考究的衣服，而是根据季节、场合、环境，甚至是临桌人的前列腺状况来选择服饰。

在要挑选新年前夜穿的衣服时，这个理念也是十分重要的。如果晚会没有着装标准，那你就要自己解决一个很大的难题了。你要穿得优雅，但同时还要准备好应对肯定会出现的一系列意外状况，所以穿得也要舒适随便一些。面对那些翻倒的酒杯、跳舞时不小心跌倒的状况和其他恶心的呕吐物，还是最好别穿纱绸材质的无尾礼服、法兰绒裤子或者米白色羊绒毛衣了。

在这一晚，尽量选择那些深色、耐磨又可以机洗的衣服，也尽可能地试着不要坐在那些喜欢喝红酒的人旁边，而坐在喝香槟的人旁，因为香槟酒最起码不会把衣服弄得太脏。如果你无论如何都想要在这一晚比平时更亮眼一些，那就仔细选择内衣吧，现在很多人都已经很注意这一点了。

在意大利和西班牙，传统上，女士们得在新年前夜穿一条崭新的红色内裤，这象征着爱情运。在委内瑞拉，则要穿黄色内衣，它象征着幸福。菲律宾人更讲究一些：新年前夜，他们穿着传统的画有圆形图案的内衣，尤其是那种豆子图案，这象征着新一轮幸运的循环又开始了。

一直穿同样的衣服合理吗？

即使只有用直觉才能分辨出一直穿同一套衣服的人和换着穿很多件一样衣服的人的区别，这两类人在现实中却都是存在的。第一类人每天穿同一套衣服，从来不洗，也许是为了避免和他人交往，并且很可能会成功。而第二类人，买了一堆一模一样的衣服，坚持不懈每天都穿，这种人还是稍微可以交往一下的。尽管看上去没什么差别，但是单纯从优雅的角度来看，这两类人其实大相径庭。

据给史蒂夫·乔布斯做传的人说，这位苹果老板在 20 世纪 80 年代时曾经想强迫他的员工穿制服，就像索尼公司那样。随着时间的推移，乔布斯自己也逐渐拥有了一百来件圣克洛伊牌黑色长袖高领 polo 衫，以及十几双石磨水洗 501 号鞋和新百伦 991 号灰色鞋。

同样，作家汤姆·沃尔夫现在也拥有数量可观的白色衣服，他全年每天都这么穿。在法国，尽管有些思想家，如艾迪·巴克雷、米舒和贝尔纳－亨利·勒维也已经有了固定的形象，但还是已经在 20 多年间只穿黑色衣服的蒂埃里·阿迪森最严格且坚持地遵守了这一原则。

其实，这些每天一直穿同样衣服的人是想要传达信息的。他们不是在简单地穿衣，而是在传播某种思想。对于阿迪森而言，黑色衣服除了可以很好地遮住他的大屁股以外，还可以表明，他并不只是一个普通的电视节目主持人。比如，他 80 年代初期在一周七天中，每天穿不同颜色的同款鳄鱼牌 polo 衫，是为了显示自己不是一个普通的传媒工作者。而对于美国人汤姆·沃尔夫来说，在严冬中穿着耀眼的白色衣服出门，也是一种反抗习俗的行为。当时的美国，在五月末的悼念日、九月初的劳工节期间都禁止穿泡泡纱材质的衣服出门。

尽管这种只穿一种衣服的方法很有效，因为它能表达一些观点，但这样其实也是很不优雅的，即使是对于汤姆·沃尔夫。这位美国作家每天都穿得像要去参加婚礼一样，虽然他穿得好看且精致，但他也犯了和每天穿得像参加追悼会一样的阿迪森，或是穿得像疏通洗碗槽的管道工人的乔布斯一样的错误。沃尔夫和他们一样，忘记了优雅是一门能够让自己根据场合、气候、地点、着装标准，一天中的不同时刻和流逝的时间来变换装束的艺术。

在衣服口袋里插支钢笔合理吗？

　　洗衣店经理的工作其实并不像看上去那样轻松，而且会承担很多风险。除了可能收到那种顾客送来就再也不来拿的黄绿色亚麻材质的衣服以外，他们随时都有可能要清洗里面还留着一支钢笔的裤子、外套或是衬衫。如果洗衣店经理没有发现钢笔也被放进了洗衣机，那他就完蛋了。因为洗衣机转筒里的每一件衣服都会因此被墨水弄脏，而经理也就不得不对每一位客户进行赔偿。

　　没有人会想要承担这种责任，而把钢笔放在衣服口袋里的行为却很流行。男士们往往出于很明显的原因和对自己身形的考虑，而很少选择将笔放在裤子口袋里，他们更经常把笔放在外套的口袋里。根据同样的道理，那些典型的英式正装会在外套内设计一个眼镜袋或者票袋，而有些高级时装甚至会有一个专门用来放钢笔的内袋。

　　因此，主要是在衬衫口袋里放钢笔会有问题，甚至会让这么做的人本身身陷险境。有时候，消防员们会发现，在交通事故中，那些被放在口袋里的钢笔会戳进司机的气管，尤其是有安全带进行挤压之后。而另一种情况则没有这么严重，钢笔很容易给衣服留下永久性的污迹（为了除去棉质衣物上的墨水，需要很用力地用牛奶和双氧水对衣物进行擦洗）。

　　然而，把钢笔插在胸前的口袋里，最主要的问题倒不是会让人有危险，而是这样会降低人的时尚度。因为这样做会令他人产生非常不合时宜的联想。事实上，如果说把笔放在耳后是那些肉贩的习惯的话，那么将钢笔放在衬衫口袋里则会令人联想到两类不太优雅的职业：邮差和餐厅服务员。因为，邮差和餐厅服务员都需要随时在纸上记一些东西。邮差是要填写挂号信的单子，而餐厅服务员则是要记住需要上多少份比萨饺和无糖可乐。

　　因此，为了避免遇到这样做所带来的安全隐患和清洁问题，最好的做法就是永远不要在衬衫口袋里插一支钢笔。聪明的做法是，穿没有口袋的衬衫。在城市中，衬衫的样式永远是越简单越好。口袋、肩衬、标志或是花体字母总是会显得很多余。

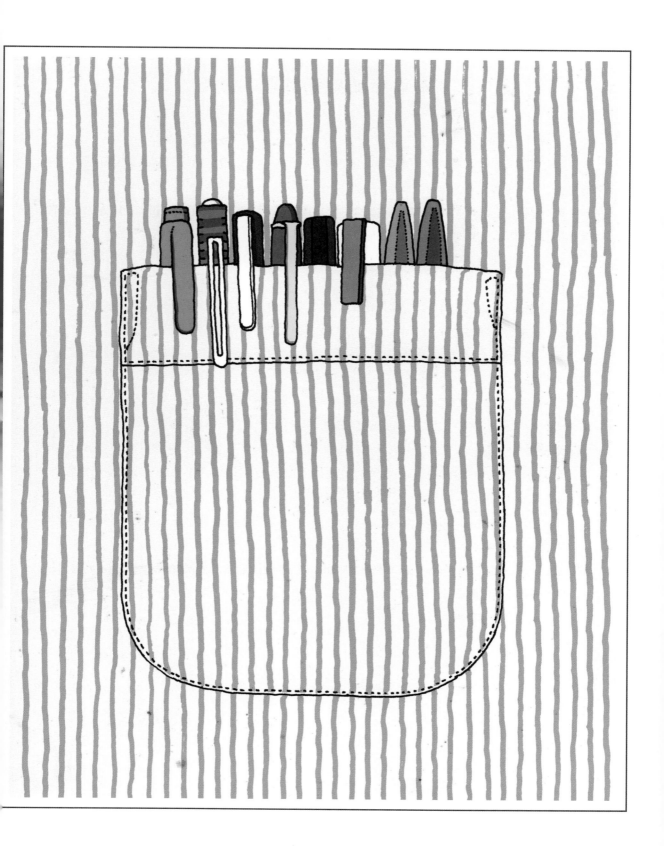

穿白色牛仔裤合理吗？

在现代的男士衣柜中，白色服装总是占有一席之地，因为它们在颜色上包含了很多象征意义。在法国，穿白色袜子是一种不好的品位，就像《几乎完美的晚餐》中的桌布一样，而在美国的嘻哈人群中，白衬衫则象征着经济上的宽裕。洁白明亮的衬衫实际上象征着穿着它从商店中走出的人不在乎自己的花费。

白牛仔裤的象征意义少一些。白牛仔裤其实很少有人会穿，从第一眼看上去，它显示出来风格选择上的大胆，并会让人觉得穿着它的人对自己是十分自信的。因为，这样穿的话，也会遇到一些危险。最经常遇到的大概就是在品尝生肉片配黄瓜时，被酱汁沾到弄脏了吧。但是，穿白牛仔裤更严重的问题在于，它会让你看上去像装了两条假腿，并且屁股显得比实际上要大。

问题就在于此。白牛仔裤会让人的目光聚集到腿部，从而将这个部位放大变胖。事实上，尽管白牛仔裤的颜色很适合夏日，它却厚得只能到冬天穿。因此，在 6 月 1 日至 8 月 30 日间，它很有可能会贴着主人的屁股，就像是在夏天坐在花园里拆下罩布的椅子上一样。

白牛仔裤和不保暖的丝棉风雪帽或是羊毛人字拖一样不合时宜，也并没有什么实际用途。它甚至还有另一个十分具体的缺点，由于颜色有些透明，白牛仔裤会让主人的内裤显露无余，无论内裤是深色的、浅色的，还是画满爱心，都无一例外。

虽然魅力十足的大卫·海明斯在安东尼奥尼的《暴风》中穿着白牛仔裤的扮相还算顺眼，但大多数人都是不适合这么穿的。我们没有任何理由不更喜欢淡灰褐色，它没有那么显眼、显胖、易脏，也没有那么厚和贴身。对于那些一定要找个理由穿白牛仔裤的人，我们的建议是多喝白色杜金子酒[1]，伦敦山杜松子酒就是个不错的选择，虽然它会让你头晕，但最起码不会让你显得屁股大。

1　此处作者做了一个文字游戏，杜金子酒的法语为 "le gin blanc"，而白牛仔裤的法语为 "le jean blanc"，二者的发音完全一致。

工作时光脚合理吗？

过去在工作时最常见的放松方式往往是将双脚放在办公桌上，两腿绷直，但最近人们已发明了新的方式。根据无数人平时观察到的证据，现在流行的放松方法，是把鞋子脱掉，并穿着袜子在工作范围内活动。

在旧方式暗含危机的大背景下，这一变革正快速进行着。其实，将双脚跷在办公桌上，因为脚的位置几乎正好和同事们的脸的位置一样高，很有可能会引起误会，并且显得自己过于高傲。但是脱掉鞋子这种新的放松方式相对来说就谨慎得多，并且甚至能够让旁人察觉不到。而事实上，在绝大多数情况下，这样做的人是绝不会在开放空间中光脚移动的。

这一方式存在的原因，也证明了一个简单的道理：人们越疲惫，就越喜欢脱鞋。现如今，许多消费者出于经济和外观的考虑，而选择在网上购买中国制造的人造皮革尖头鞋，他们无法在网购时对鞋子进行试穿，舒适度对于他们而言已经是次要的了。

我们得承认，对于这些在工作时光脚的人而言，脱掉鞋子是一种解放，但这一行为本身也存在着极大风险。因此，如果一个人光脚上班的事情在公共区域传开了，那么他就会成为话题中心，这个人选袜子的品位也会遭人指指点点。还有一种情况也不是不可能发生，就是当你光脚的时候，一些不怀好意的同事也许会悄悄偷走你的鞋子，再把它们藏到卫生间，而这时候你正好要去领导办公室讨论加薪的事宜。

然而主要问题还是出在嗅觉方面，因为即使光脚爱好者非常注意个人卫生，并且很少出汗，也会经常因开放空间飘散的各类气味而受到指责。在用餐时间，他们也会因此诚心祈祷，千万不要有人从外面带回味道很重的羊奶酪帕尼尼，或者在办公室的微波炉里加热冷冻金枪鱼，因为这两种食品的味道肯定会让他遭到长时间的鄙视。

在脖子上戴饰物合理吗？

壮硕的 T 先生[1] 最突出的特点就是其发型和总是在脖子上戴的一堆金链子，他标志了《天龙特攻队》粉丝们的时代，似乎也深刻影响了人们对男性之美的看法。因此，除了他的发型曾在数年中大受追捧（意大利足球运动员马里奥·巴洛特利曾在参加欧洲杯时一直留着这一发型）以外，后来也总是有男人们在自己的脖子上戴各种各样的饰物。

男士在自己半开的衬衫或 polo 衫下露出一条粗链子、细链子或者那种冲浪爱好者们戴的坠着一块木质迷你冲浪板的绳子的现象还是很多见的。还有其他更夸张的饰品，它们往往和某种特殊的实际行为有关。还有一种与其截然不同但同样运动风的做法，就是伦敦奥运会上的那些佼佼者们，在自己的脖子上挂上了金牌、银牌与铜牌。

尽管这些佩戴在脖子上的各类饰物都有着某种实际功能（比如，对于一个女主人来说，在奴隶的项圈上打个结，比在他嘴上打个孔要方便得多，虽然打孔也是可以的），但它们首先还具有象征意义。它们有着情感价值，但它们的特性是由其商品价值决定的。此类饰物可以暗示出佩戴者的经济情况，有时甚至可以保证它们的主人享受优待。

那些享有特权的人在出席重要场合时佩戴的饰物，其实具有"通行证"效力。因此，那些佩戴着奥运会奖牌的男人们，其实就是希望人们可以承认他们的成功，并为他们敞开各种便利的大门。根据类似的原则，一个戴着闪闪发光的金链子的男人，则是希望那些最热闹的、最受欢迎的夜店的大门随时为其敞开。同样，他也希望那些最艳丽的女子能对其投怀送抱。

不幸的是，这些建立在肤浅的思考之上的冒险，都不会有什么好结局，并有可能会让他们陷入十分消沉的境地，甚至会让他们对自己戴的链子产生疑问，怀疑链子是否能保证在他们想勒死自己时不断掉。的确，理性的男人是除了手表和戒指以外不会佩戴任何其他饰物的。在他们的脖子处，也不会系上领带之外的其他饰物。

1　美国电影《天龙特攻队》中的人物。

同时戴墨镜和帽子合理吗？

　　小心翼翼的原则在过去数年间，已经完全成了生活的法则，因此，在看到有些人将这一原则应用到穿衣打扮的领域，比如同时穿戴两种功能相近的单品时，就没什么好惊讶的了。具体来看，除了某些大腹便便的男人会同时系腰带和背带以外，同时戴墨镜和帽子的人更多，尤其是在夏季。

　　这一做法不仅仅是种风格上的选择，或是向布鲁斯兄弟[1]的致敬，同时也是戴墨镜和帽子的人出于对未来会发生意外的过分担心而做出的选择。就像电影导演因为害怕有演员因身体不适而耽误拍摄进度，提前准备一组候补演员一样，那些喜欢同时戴墨镜和帽子的人，以及那些喜欢同时系腰带和背带的人，他们都害怕会因为发生什么意外，必须提前舍弃两种装备中的一个。

　　因此，正如喜欢同时系腰带和背带的人会担心在机场过安检时腰带被卡住一般，喜欢同时戴墨镜和帽子的人则害怕突然有一阵风将他们的帽子吹掉。在这种情况下，墨镜实际上就起到了救场的作用。

　　虽然保证了自己免受危险，喜爱将墨镜与帽子搭配的人却无法免于受到造型上的批评和指责。而且，还会令自己受到十分激烈的批判。因为，如果用这两样单品将自己的脸部遮住，会显得自己想要掩饰什么，并且在不知不觉中反而更容易受人怀疑：这样戴着墨镜和帽子是不是不想被警察认出？或者，这样戴着墨镜和帽子的人或许其实是一个眼神呆滞的秃子？

　　不过，除了这些外观上的考虑以外，首先还是这种将不同饰品叠加使用所带来的外观效果出了问题。同时戴着墨镜和帽子的男人其实永远都没法显得很酷，相反，还会显得自己是个沉默的、得了胃溃疡和湿疹的人。其实，去衣帽间更衣就像是去食堂用餐一样：奶酪和甜点只能选一个，不能兼得。

1　美国电影《布鲁斯兄弟》的两个主角，在电影中二人即为同时戴墨镜和黑色帽子的形象。

在沙滩上吸肚子合理吗？

虽然提升吸引力的诀窍往往在于真诚和与他人产生共情，但实际上，学会掩饰自己才是最重要的。因此，有些男人会在第一次邀请女孩到自己家之前，把自己的哈莉·贝瑞[1]海报或《七龙珠》系列动画[2]的人物手办藏进柜子里，而其他人则会选择在海滩上，出于取悦女人的目的，认真地将肚子吸进去。

除了这些意料之中的怪样子以外，这一限制动作自由又极不自然的姿势还会让这些可怜人的表情也显得不自在，和他们便秘时的表情很相似。有时候，吸着肚子的人甚至还会显得身体很不灵活。他们为了不冒险放松自己，让肚子凸出来，而经常拒绝打沙滩排球或沙滩网球。

一个男人出于对美的追求而吸气收腹，因此而不能参加任何会让身体形态发生变化的体育活动，这就成了一个悖论。其实，就连平常的打情骂俏，这样的人也已经是被排除在外了。因为他在憋着气收腹的同时，因为空气不够，所以会陷入几乎无法说话的状态。具体来说，就是他因为完全不能放松自己的肚子，所以一次都不能吐气，似乎也不能对一个年轻女子这样说话："您的母亲真是个小偷，她偷了天上最美的星星，来制造你的双眼。"

吸气收腹的男人因为完全陷入了自己身材的魅力无法自拔，也因此被困在了自己的"围城"中，不能再去勾引别人了。相反，对自己的大肚子不加掩饰且对此感到自豪的男人反而能顺利地与他人变得亲密。这样的人能够和自己哪怕不完美的身材和谐共处，也能更多地取悦别人。尤其是，当他在吸肚子的男人惊讶的目光下，和自己的意中人共同分享一块在沙滩的流动店铺中购买的巧克力煎饼时。

---

1 哈莉·贝瑞，美国影视演员，在《X战警》系列电影中饰演"暴风女"。
2 《七龙珠》系列动画，根据日本著名漫画家鸟山明的同名漫画改编，于1986年在日本富士电视台首播。

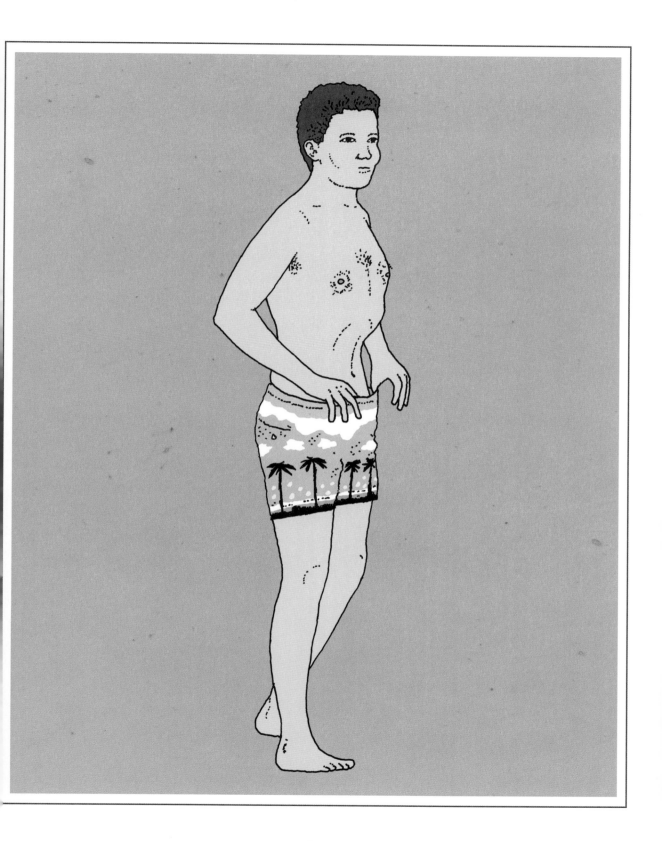

在室内戴甩帽合理吗？

如果说美国笑星拉里·戴维曾说的"只有盲人和笨蛋才敢在室内戴墨镜"是个显而易见的事实的话，那么那些在室内还戴着甩帽的人就显得更加特立独行了。实际上，这一造型首先传达了政治信息。

如果说在地铁上戴墨镜的人只是单纯地想显示自我的话，那么在室内还戴着甩帽的人，则是公然表示希望被看作社会边缘人，甚至是反社会人士，而戴甩帽的人比戴鸭舌帽的人的这种愿望更为强烈。的确，这些人这样做，在故意避开他人目光的同时，也传递出一个危险信号，这暗示着他们可能将进行某种违法行为，而且不想被认出。

这便是我们要谈论的主题。因为，20世纪70年代的那些纽约毒贩和小偷们都喜欢穿带甩帽的厚卫衣，而他们仅仅是因为觉得穿这种衣服能更好地隐藏自己，让自己不被认出。事实上，这种卫衣一开始是由冠军品牌[1]设计的，目的在于为工人们提供保暖性更强的衣服。20世纪80年代，那些英国小流氓们也发现了甩帽的这一用途，他们对甩帽像是有恋物癖一般，总是戴着，这样就躲过了监控，也躲过了警察对他们的身份辨认。

实际上，现在有些年轻人依然在室内戴着甩帽，但仅仅是想模仿别人或过于狂热罢了。因此，对于那些坐在教室后排，贴在暖气片上的初中生们而言，戴甩帽绝不是为了保持温暖和干燥，而是一种让自己不被老师注意到，从而不用被点名到黑板上去解二元一次方程式的方法。然而，这个计谋很可能失败，因为老师们早就在法国教师学院接受过特殊培训，能轻易认出甩帽下那张皱着眉头的脸。

历史中也有许多极端分子有这样的形象，从大起义时期的人，到西都修道院的修士，再到尼古拉斯·阿内尔卡[2]，在室内戴甩帽的人往往会让自己陷入与他人隔离的境地，甚至可能会遭到他人的排斥。在英国，许多酒吧或商业中心甚至禁止那些想要在室内戴甩帽的年轻人进入，理由是他们会吓到前来消费的顾客。

---

1 1919年创立于纽约的运动品牌。
2 尼古拉斯·阿内尔卡，法国著名足球运动员。

太过时了

❦

穿翻领毛衣合理吗?

英美人有时会用"卷领"或是"polo领"来描述我们口中的翻领，但他们对其最为准确的叫法是"乌龟领"。因为，一个穿着翻领服装的人和一只从壳内探出头的乌龟其实很相似。而且，穿着翻领毛衣的人的脖子也不会露出。

翻领服装可不是一种能随便穿的衣服。翻领有时甚至会遮住一个人的嘴巴，这样就会使面部和周围的器官隔绝开，从而人为地修改整个人的形象。这样的衣服倒不会制造出和缅甸的"长颈族"女人们在脖子上戴一堆铜圈一样的效果，但也会将脸部"推高"，并因此让脸显得更圆、更扁。

就算有些人的脸不会出现这个问题，但其他的大多数人这样穿还是会显脸圆的。因此，要是一个人同时穿了翻领衣服，留了大胡子和长头发，那他的造型就会和戴一顶护耳冬帽差不多了。您可以闭上眼睛，花两秒钟想象一下。

在许多方面，翻领服装都会比圆领、V领、polo领、交叉式圆领服装更复杂，甚至比它的近亲，和它一样高但没有折起来的立领衬衫也要复杂。翻领服装对气候条件的要求更高，因为如果温度过高的话，那穿翻领衣服就会像进了汗蒸浴室一样。在这种时候要脱掉它吗？是选择因过热而死还是因羞愧而死？没有人在脱下一件翻领毛衣时能不让发型变得像让·路易·博洛[1]一样糟糕……

起初，在19世纪末，翻领服装主要是因为其保暖性而受到欢迎。作为一种出行便服而非正装，这类衣服完美迎合了上层社会人士对于运动的需求，它可以让他们在骑马、骑自行车或打高尔夫球时免受感冒病毒的侵袭。翻领服装不久便被海员、滑雪运动员及职业足球守门员接纳，从而在20世纪60年代，以毛衣和莱卡打底衫的形式进入了人们日常的衣柜。

尽管在巴黎左岸，在那些穿着黑色翻领毛衣和白色牛仔裤的"新浪潮"思想家或演员身上发生了许多浪漫故事，翻领服装已不再是一种城市中常见的装束了。一个穿着西装外套的人里面再穿件翻领毛衣，会显得很不自在。的确，翻领服装对于遮住脖子处的吻痕可能很有效，但戴个颈托不是也有一样的效果吗？

---

1 让·路易·博洛，法国政治家，作者在此处讽刺其出现在公开场合时发型经常很糟糕。

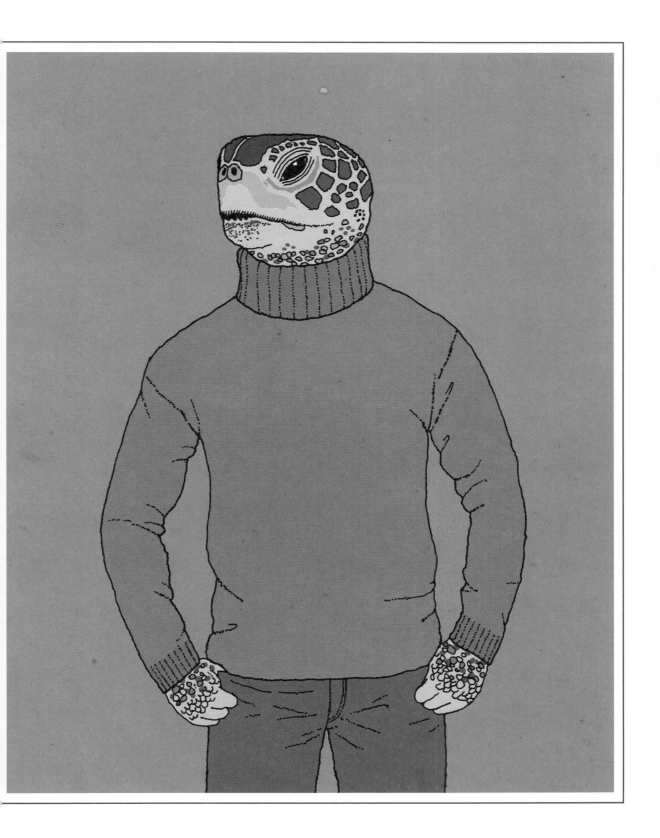

在衬衫下穿件 T 恤合理吗？

在面临上帝的最终审判时，那些有时将衬裤从腰部露出一截的人，很可能比那些被看到衬衫下穿着的 T 恤衫的人更容易过关。因为第一类人可以为自己辩护，说自己不是故意的（试试看穿着低腰牛仔裤，弯腰安装地板时是否可以不让内裤露出来），而第二类人就必须得认罪了。

故意露出自己衬衫下的圆领 T 恤的人肯定知道自己在做什么。他是有自控力的，并且往往想借此传达某种信息。要想破译出这一信息，只需将几个热衷于这样打扮的人的名单列出就好。法国有丹尼尔·孔·本迪特和尼古拉·于勒。国际上则有个叫格雷戈·豪斯的人，就是那个美剧《豪斯医生》的主角，他完全属于这类人，因为他总是在自己的天蓝色衬衫下穿一件海军蓝或白色 T 恤。

这三个人在很多方面都很相似：人到中年，脾气不好，表面上对传统观念不屑一顾。因此他们都是各自领域中的边缘人。于勒和孔·本迪特和其他政客不同，这点我们知道，豪斯医生则不是个普通的医务从业者。他跛脚，神经质，还吸毒，既无理智也不帅气，这也就是我们想说的。

他在衬衫下再穿一件 T 恤，故意和自己在白大褂下什么都不穿的同僚们在造型上对立。同样，于勒和孔·本迪特也和他们那些打着领带的对手们完全相反。他们的脖子是自由的，或许太自由了，以至于可以让人隐约看到他们那件和人们周日下午清洁自己的雷诺轿车时所穿的一样的 T 恤。因为他们这样的穿着并无任何造型上的信息要传达，而只有政治信息。

然而，一开始在衬衫下穿 T 恤并没有政治上的含义，而仅仅是为了解决一个实际问题。在加拿大和美国气候最严酷的地区，多穿一件衬衫可以让人感到没那么冷。这样穿也能使得传统的粗糙衣物穿上去更舒服，比如伐木工和其他室外作业者一直穿在身上的法兰绒衬衫。

现在，那些采用这一穿法的政客们可以享受供暖系统，而并非生活在野外，所以孔·本迪特和于勒这样穿其实并没有什么真正的理由。再怎么说，就算他们是害怕因为太热而被人看到腋下的汗渍，也应该在自己的衬衫下穿一件 V 领针织衫才对。这样的衣服才是完美的，因为它不会被看出来，而这才是打底衫应当遵守的原则。

穿黑色袜子合理吗？

白色网球袜曾大受追捧，受欢迎程度和米奇的领结一样高，然而它却是坏品位的象征，后来也不再流行了。如今在都市中几乎已经看不到白色网球袜的踪迹了，取而代之的是黑色袜子，有些人甚至认为这一更替是时代造型上的一个飞跃。

这其中的变化并没那么简单，因为在很长一段时间内，黑袜子的社会地位都不高。19世纪，只有仆人才穿黑袜子，而他们的主人，则会从早到晚都穿着彩色毛线袜，而绝不穿黑袜子。当时，人们也会在宗教仪式和葬礼上选择穿黑袜。

对于黑袜子的偏见一直未消失，1919年，芝加哥足球队的8名球员陷入贪污丑闻时，就被冠上了"黑袜子"的绰号，也就是说肮脏的袜子。然而，40年后，埃迪·巴格雷[1]接受了因与赞助商斯坦姆公司签订了合同，而把埃迪·米切尔的《摇滚乐》改名为《黑袜子》的做法，是非常明智的。

现如今黑袜子的广泛流行其实并不是出于人们对先人的怀念，而恰恰证明了实用价值对造型价值的胜利。黑袜子不显眼、不易脏还很容易和其他黑袜子换着穿，所以人们从来不用花费一刻钟的时间，手脚并用地在床和床头柜之间找一只黑袜子，因为总归可以用随便哪只黑袜子和它凑成一双。现在越来越多的人穿黑色西装是把它当成可以出席仪式的正装，但越来越多的人穿黑袜子的理由就没有这么正当了。

不过，对于在裤子与鞋之间露出一截的袜子的颜色，人们往往有多种选择。温莎公爵[2]喜欢穿有几何图案的撞色袜子，而还有许多绅士，如爱德华七世[3]和爱德华·巴拉迪尔[4]，他们则更偏爱红色袜子。在他们的事业高峰时期，莫里斯·切瓦力亚[5]喜欢穿黄袜子来搭配自己的鸡爪状花纹西装，而于勒先生则会穿着蓝白条纹袜度假。

当然，平时大多数人不会像上述的那些人一样选择袜子的颜色，但只要遵循一个原则，即袜子的颜色应当与身上所穿衣物中的某一部分搭配，且不能与裤子的颜色不协调。你会发现，除了黑袜子以外，还是可以有很多其他选择的。如果穿上一双天蓝色、酒红色、烟灰色或淡紫色的袜子，就会明白，从男性的优雅角度看，黑色袜子其实是最没什么意义的。

1　埃迪·巴格雷，法国音乐制作人。

2　即爱德华八世（Edward VIII，1894年6月23日—1972年5月28日），英国国王。

3　即爱德华七世（Edward VII，1841年11月9日—1910年5月6日），英国国王（1901—1910）。

4　爱德华·巴拉迪尔，法国政治家，曾任法国总理（1993—1995）。

5　莫里斯·切瓦力亚（1888—1972），法国著名演员。

穿一身牛仔服合理吗？

美国人为了能将对邻居加拿大人的蔑视表达得淋漓尽致，会用一种十分要命的表达方式。他们会愉快地将所有把牛仔裤与牛仔外套搭配在一起的装束都称为"加拿大式礼服"。读者们稍后会明白，这样形容是为了让别人认为，这些生活在寒冷环境中的人和其他文明世界中的人对于优雅的理解并不完全相同。

尽管这一攻击第一眼看上去有些过于狭隘了，但它至少让牛仔衣重新回到了应该在的位置。因为，虽然牛仔服装变得越来越流行，牛仔布本身还是一种厚重、粗糙、不耐穿的材质。这种材质和纯棉材质是完全不同的，并且会让人觉得它和皮革或印花织布很接近。

因此，就像穿那些带有格子、条纹、圆点、花朵或是迷彩图案的衣服一样，穿牛仔衣也必须十分谨慎，可以上半身穿牛仔服，或者下半身穿牛仔裤，但绝对不要上下都穿牛仔服。当违反了这一基本原则时，就会造成视觉上的压抑，甚至有被指出造型上的错误的危险了，这与在身上同时穿戴很多件皮革质衣物所造成的后果完全一样。

问题主要来源于此。穿一身牛仔衣也被称为"三明治丹宁[1]"或"双倍丹宁"（如果在牛仔裤和牛仔外套以外再穿一件牛仔衬衫的话，就能达到"三倍丹宁"的标准了）。现如今全身牛仔服的穿搭已经获得了如此多的负面评价，以至于人们已经很难再去轻易地接受这种穿法了。又有谁会真的想要穿得像农场主、乡村音乐明星或是 80 年代的摇滚歌手一样呢？就算是来自蒙特利尔的猎熊者，都不会这样穿。

加拿大人民现在的确应该为了尊严改变穿衣方式了。和美国人的讽刺相反，其实加拿大人穿着自己的"牛仔礼服"时并没有什么目的。来自品牌李维斯的历史研究者最近发现，其实美国演员平·克劳斯贝，才是世界上第一个把牛仔外套和牛仔裤同时穿在身上的人。20 世纪 50 年代时，他由于穿了一身牛仔服而显得风格过于标新立异，还因此被一家加拿大酒店拒绝入住，理由是他穿得不够精致……这真是讽刺至极。

1　牛仔布的法语为"denim"，因此又称"丹宁布"。——编者注

敞开衬衫领合理吗?

一个想泡妞的人总是有一堆奇怪的技巧来取悦他看中的女性，一般来说，最常用的方法就是努力显示出自己的开放性。他可能会打开自己的心房，解开自己的钱包，不过更好的做法，则是敞开自己衬衫的领子。这一做法令他在露出胸部的同时，也为自己即将开始的游戏拉开了序幕。

通过敞开衬衫领，这类男人也传达出一个带有性意味的信息。一个男人这样做，是想表达自己没有什么好隐藏的，并且对自己的身体十分自信。在将身体平时大多会隐藏起来的一部分展示出来时，他希望借此说明自己床上功夫了得，但其实这样反会弄巧成拙。

因为，这样做不仅会让极少数落入陷阱中的女人们在实战时失望，还会让那些将衬衫解开两颗甚至更多颗扣子的男人，承受在女人眼中显得很肤浅的风险。他们其实和通过如下行为来卖弄自己的男人如出一辙：在红灯时停下车子，还故意让发动机嗡嗡作响，再拉下车窗，将收音机调到放着《我问向月亮》的频道。

其实，敞开衬衫这件事有着不同的程度和情况，有时这样做可以得到人们的理解，但有时这样做就会引起一些麻烦了。如果这一行为过于戏剧化和做作，或者出现在正规场合及职业场合中，就不会被别人接受了。而且，你的胸毛越多，就越无法得到别人的原谅。

因为，如果你强迫别人接受你敞开领子的行为，哪怕只是让别人看到你的胸毛，你也一定是一个无可救药的独裁者。要么就是你一辈子都无法理解私人空间和公共场合的区别。也许在此有必要向各位读者提出以下忠告：要记住，胸毛就像腋毛和脚趾上的毛一样，除了特殊场合（沙滩、游泳池）以外，只能在私人空间露出来，不能被别人看到。

不管怎样，对于不该出现的露出体毛的行为的谴责使得伯纳德·亨利·拉玮[1]看到了"赎罪"的希望。这位钟爱敞开立领衬衫的哲学家给了别人无限欣赏他胸部的"权利"，从某些角度甚至还可以欣赏到他的肚脐，不过他最起码知道把露出部位的体毛刮干净。在这一方面，我们还是应该肯定这位伟大的哲学家的。

1　伯纳德·亨利·拉玮，法国当代哲学家，经常将身穿的立领衬衫领口敞开出现在法国媒体中，作者在此处既讽刺了敞开衬衫领的现象，也讽刺了该哲学家本身。

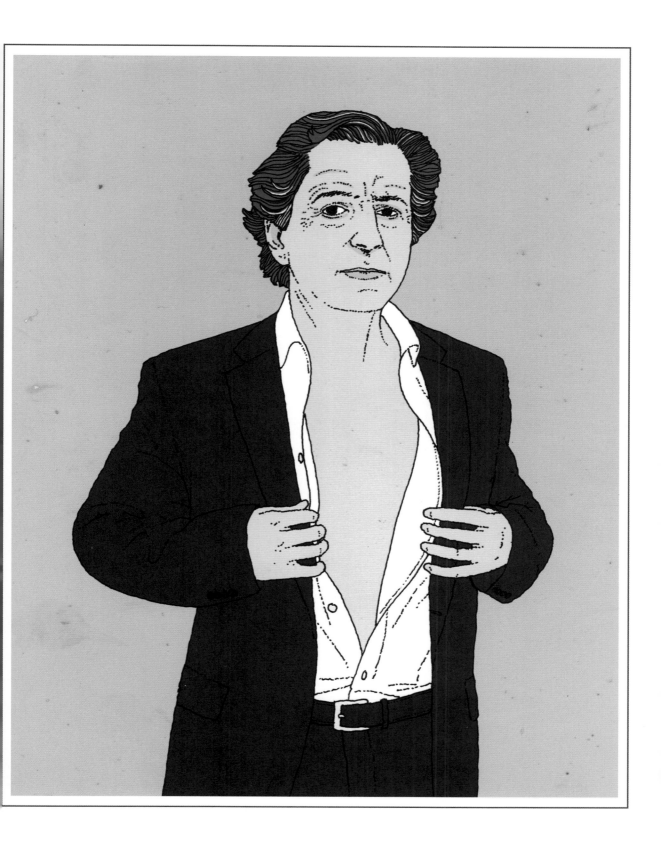

穿毛背心合理吗?

如果在中世纪时出现以下画面: 一位年轻女子将自己一件衣服的袖子送给自己的心上人——一位骑士, 并因为爱而光着一只手臂闲逛, 那么接下来的故事就不会那么浪漫了。现如今有些人选择穿毛背心, 完全是出于造型上的考虑, 而不是为爱牺牲了。这对物种的进化可没什么好处。

毛背心最早出现于 20 世纪 30 年代初期, 那时毛衣第一次成为时尚单品, 而背心则逐渐不那么流行了。在这种情况下, 毛背心其实是衣橱里的一个古怪的"异类"。因为, 像短裤一样, 毛背心的首要特征是不实用。那么从何时起穿毛背心变得有必要, 或者仅仅是合理了呢? 难道是当穿一整件毛衣太热, 而只穿衬衫又太冷的时候? 然而这样的时刻出现的概率太少了。

事实上, 毛背心这一既无法保暖又无法使人凉快的服饰能够成为人们的日常穿着, 多亏了某些运动员, 出于职业和纪律, 他们相对来说移动得较少, 但却要经常晃动自己的手臂(比如高尔夫球运动员、板球运动员和守门员)。对于他们来说, 毛背心既能保暖, 又能保证运动的灵活性, 很符合他们的需求。而问题也就从这里产生了。

历史地理学的老师们尤其喜欢穿毛背心, 因为毛背心能够让他们在课堂中不受束缚地抬手在德国地图高处一下指出基尔港。同样, 如果花园里装饰用的小矮人们特意穿上毛背心的话(你们自己看一下就知道了), 也显然是为了能在夜晚来临之际, 毫不费力地翻越栅栏, 安静回到家中, 也许他们还希望回家能换上一身正常的衣服[1]。

完全从造型角度来看, 无袖毛衣, 即毛背心, 其实是完全不可忍受的。无论一件毛背心是厚还是薄, 是圆领还是 V 领, 是纯色还是像大多数情况一样布满阿尔盖菱形图案, 它都有着结构上的缺点。没有袖子的毛背心其实会让人的身材比例看上去不协调, 因为这样会使你愚蠢地挂在上身两侧的两条长手臂更加突出, 看上去和一只长臂猿一模一样。

---

1 法国人喜欢在自己家的花园里放一些小矮人作为装饰, 作者在此处以幽默的方式表达, 对于小矮人而言, 毛背心也不是一种正常的衣服。

穿低帮流苏鞋合理吗？

相信所有人都注意到了 2012 年 5 月法国总统大选前的宣传活动中对安全问题的重视，这和低帮流苏鞋的流行发生在同一时期。在穆罕默德·梅拉赫[1]死后两天，尼古拉·萨科齐则在参加于吕埃·玛尔梅松召开的会议上再次穿上了自 2007 年总统选举宣传后再未穿过的低帮流苏鞋。

尽管这位法国总统在采访中表示，自己喜欢穿这种鞋仅仅是因为这能令他想起"上学时的情境"，我们还是无法不从这一系列事件中看出某种深刻的政治思考。就像对安全问题的重视是右派的一贯作风一样，低帮流苏鞋也被公认为是右派政客穿的鞋。

低帮流苏鞋承载着政治色彩的背后其实隐藏着一个漫长的故事，而这一故事则开始于另一场总统选举。1980 年，在美国新罕布什尔州，老布什在自己与罗纳德·里根的一场激烈论战后的第二天公开抱怨对手过于具有攻击性。不久之后，里根贴身智囊团中的一人即反击："这些穿着低帮流苏鞋的资产阶级总是输不起……"。讽刺的是，12 年之后，老布什自己又采用了一样的攻击性语言，来暗指自己的对手比尔·克林顿受"所有穿低帮流苏鞋的美国律师"支持……

不久之后，那些保卫共和联盟[2]野心勃勃的年轻政客们也继续利用该点，攻击自己的反对派，他们这样做是向自己的美国同盟及他们的自由体制致敬，而自此之后低帮流苏鞋的形象就几乎再未发生过改变。和在近些年里莫名其妙流行起来的船鞋相比，低帮流苏鞋依然是众人讽刺和嘲笑的对象。

的确，光是一对总是在脚面上晃来晃去的流苏就足以解释人们为何鄙视这类鞋了，而且光听名字，这种鞋就够可笑的了[3]。这和那些因名字怪异而受到嘲笑的衣饰是同样的道理，低帮流苏鞋爱好者甚至还会有被别人认为自己穿的东西会变成自己的身份的风险，也就是说，他可能会被认为是一个真正的蠢货。

低帮流苏鞋由美国品牌艾尔登于 1952 年首次设计，当时好莱坞著名演员保尔·卢卡斯要求为他设计一种鞋带是流苏式的欧式鞋。而现如今，如果想要让低帮流苏鞋能够变得和其他鞋一样，就必须为其更名，用那个只有专家才叫得出的"低帮坠穗鞋"这一名称。

---

1 穆罕默德赫·梅拉，恐怖分子，2012 年在法国南部制造了几起流血恐怖事件后被警方击毙。

2 法国议会第二大党。前身是戴高乐 1947 年创立的"法兰西人民联盟"，后经多次易名，1976 年改用现名。

3 低帮流苏鞋的法语为"les mocassins à glands"，其中"gland"一词指"流苏"，在法语口语中该词还带有愚蠢、傻等贬义，故作者在此处对这种鞋子的名字本身进行了讽刺。

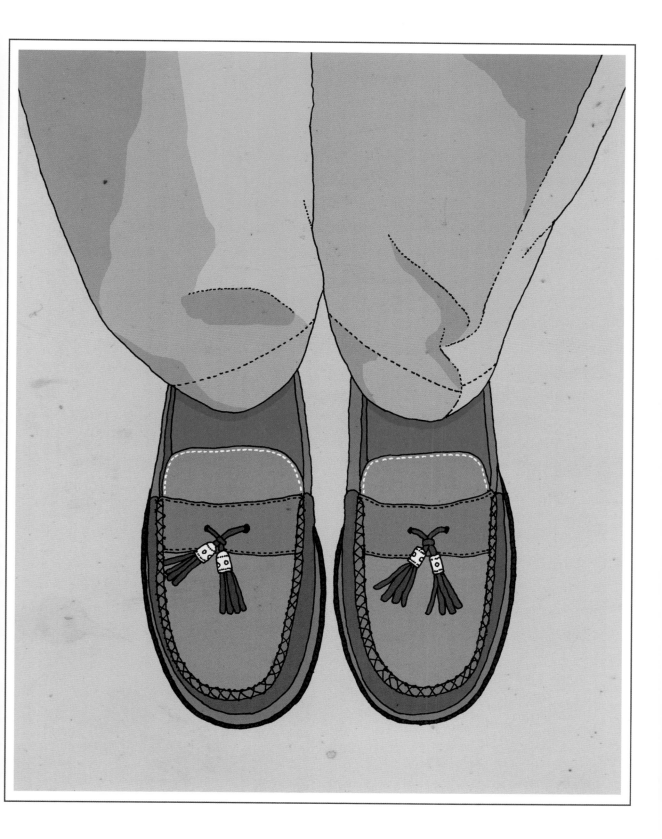

穿短袖衬衫上班合理吗?

尽管坏品位不挑季节，它还是更容易出现在夏季。在这个夏季的开端，除了再次上市的罐装桃红酒和爱探险的朵拉的汽车遮阳板以外，还出现了一堆可怕的服饰。随便举几个例子：洞洞鞋、阔边遮阳帽、圆领背心、短裤、沙滩凉鞋，还有更可怕的，就是短袖衬衫。

第一眼看上去，穿短袖衬衫其实没什么丢人的。除了袖子短以外，短袖衬衫和普通的长袖衬衫没什么区别，无论是领口设计、版型、材质、纽扣，还是翻边（袖口处那条用来防止衣服破损的加厚布边），都一模一样。所以，在男士衣橱中，短袖衬衫还是很普遍的。事实上，只要你在青少年时期没有自残的爱好，身上没有奇怪的伤痕，你就完全可以在公开场合穿短袖衬衫，这样也不会引来别人的微词。

而问题就出现在这里。因为，和百慕大短裤这种同样被截掉一截的衣服一样，短袖衬衫不是一种工作时该穿的衣服。它最早出现于 20 世纪 20 年代，当时在男士穿着领域出现了巨大变革，而短袖衬衫首先作为网球运动员的穿着受到了认可。接着是优雅的温莎公爵，他喜欢在晒太阳时穿短袖衬衫，而这种服装也因此被认为是适合度假和休息时穿着的衣服。

所以，问题的根源其实是穿短袖衬衫的场合不对，而不是这种衣服本身有问题。如果一个人喜欢在上班时穿它，就极有可能在自己首次放 PPT 演讲时被看到腋毛，也因此在听众面前形象崩塌。在这种情况下，就算你系了领带也无济于事，因为你看上去就像一个达地公司[1]的电器推销员一样。

短袖衬衫如果和百慕大短裤以及草底帆布鞋一起，作为在八月的一个午后前往海边度假时的装束，是完全可以被接受的，但在职业场合中就得被禁止了。从五月起，最好的夏季放松方式，就是穿一件长袖衬衫，再把袖子卷起。这样一来，不仅能保持优雅，还能显示出，即使在假期时，你也时刻准备好去工作……

---

1 Darty，法国著名的电器连锁店，创始于 1957 年，销售手机、电视、音响、家用电器等，现已被法国另一知名文化产品和电器产品零售商 FNAC 收购。

把衬衫半挂在裤子外面合理吗？

像《丁丁历险记》中的阿道克船长在睡觉时纠结应该把胡子放在被子里还是被子外一样，现代人也经常会自问："应该把该死的衬衫放在裤子外还是塞在裤子里？"

其实，这两种做法都可以，有些衬衫是被特意设计为塞进裤子里的，而另一些则被设计成要留在裤子外面。想要区分这两种衬衫，不仅要够聪明，还要有品位。因此，如果你们突然想把一件厚衬衫塞进裤子里，就会发现在腰部会出现叠起的布料，和把一件羊绒披肩束在裤子里的效果差不多，这样一来就不太美观了。

同样，你们会发现，把那种夏威夷风的夏季衬衫塞进裤子里也不科学。这种衬衫比一般衬衫短，如果将它塞进裤子里，那么无论在你想要拿放在架子高处的防晒霜时，或是想要弯腰拿一双在床底的人字拖时，它都很容易从裤子里跑出来。不过如果出现这样的后果的话，那绝对是这么做的人自找的。因为有哪个蠢货会在去海边时小心翼翼地将自己的衬衫塞进短裤里呢？

由此可以得出如下结论：越是不正式的衬衫越不应当被塞进裤子中。然而，也有人认为，应当把所有衬衫都放在裤子外面，而这一想法也会产生问题。与公认的观点相反，把一件正装衬衫留在裤子外面，绝不会让人看上去很潇洒自在。实际上，这一时尚的小心机只有一个效果：正如敞怀穿正装外套一样，这样穿会让人的身材缩短拉宽，和最近萨科齐在和夫人散步时被拍到的一张照片上的形象如出一辙，在照片中他的衬衫就是这么放在裤子外面的。

尽管可敬的APC品牌创始人让·杜伊图曾宣称其有一段时间曾若无其事地将自己的衬衫前侧的一半塞进裤子里，但事实上他应当做得再过一些。一件正装衬衫永远都该被塞进裤子里，因为其生来就应当这样。大部分正装衬衫的下摆都有弧度，就是为了让穿着它的人一整天无论做多少事情，衬衫都能稳定地固定在裤子中。

对于那些对该问题很敏感且喜欢随时检查衬衫是否跑出来的人而言，还有一个更加极端的解决方法。可以给衬衫缝上一个"燕尾下摆"，这样一来就能将下摆穿过裆部拽到内裤前端，再将其固定住。这和那种体操运动员穿的紧身连衣三角裤或者是婴儿尿布湿的原理一样。克劳德·弗朗索瓦[1]在其巅峰时期为了让自己乐队中的音乐家都不会遇到衬衫跑出来的问题，就曾要求乐队所有人都这样做。

1　克劳德·弗朗索瓦（1939—1978），法国著名音乐家。

夏天穿黑衣合理吗？

在夏季时，穿白色衣服可以有效突出自己晒成古铜色的皮肤和吃巧克力冰激凌时不小心滴在身上的污渍，而穿黑色衣服就没有这么简单了。穿黑色衣服的人会显得十分没有创意，更糟的是，还会显得很不理智。

因为，夏天穿黑色衣服不仅更容易热，还有在其他季节也会遇到的缺点。虽然穿黑衣显瘦，可以让人看上去像得了轻度肠胃炎一般，但它也更容易变旧，在30度的水中洗过几次之后，它就会褪色。而且黑色不容易搭配，因为它会将所有其他颜色"吃掉"。和深蓝色搭配显得暗淡，和红色搭配显得平庸，和淡灰褐色搭配显得奇怪，和白色搭又会显得浮夸，黑色其实只能和黑色本身搭配在一起。

的确，也许在度假淡季时，某些人穿黑衣是出于某种信仰，但在旺季时，黑衣就会让你成为受虐狂了。因为，黑色比其他任何一种颜色都吸热。当太阳升到最高点时，会给地面带来每平方米近1000瓦的热量，白色只会吸收其中的35%，而黑色则会吸收其中的90%，这也会让穿黑衣的人成为真正的移动太阳能电池板。

最近有研究揭开了贝都因人在沙漠中穿的或黑或深蓝的深色长袍的神秘面纱。我们知道他们往往会在长袍下穿一件浅色衣服，这样一来，不直接接触皮肤的深色长袍就可以借助对流效应透气，而内部更为凉爽的空气则能够起到降温的效果。除了颜色之外，这种衣服宽大的样式也十分重要。

所以，在夏季一定要千方百计地摆脱黑色衣服，并且一定要脱掉那种本身就很厚重的黑色衣服。在下雪天穿一条白色亚麻裤会让人以为你刚从戴高乐机场飞到马尔代夫，而在炎热的天气中穿一条黑色牛仔裤则会让人以为你即将结束旅程。这里，我说的是人生的旅程。

出于凉爽和造型上的考虑，在夏季时还是穿浅色衣服为最佳。而用白色、天蓝色或是淡灰褐色衣物突显自己的身材也是完全没问题的，而这也并不影响你随后再戴上一副黑色墨镜。

随处戴眼镜合理吗？

即使现代人已经能够移植整张脸，或是投资让无人机进行远距离攻击，甚至用荷兰喷雾奶酪款待客人，我们还是无法回答一个在老花眼群体中尤其具有意义的简单问题：当没有必要将眼镜架在鼻子上时，应该怎么办呢？

错误答案有一堆。如果你在眼镜架上系根带子，并让其挂在脖子上的话，你就会被维特牌[1]糖果广告中的老年演员的目光所注视了，这并不是一个正确的选择。而把眼镜别在 T 恤衫或毛衣领圈上的做法也并没有好到哪儿去，因为这样一来你的 T 恤和毛衣最后都会变成 V 领的。而要是把眼镜别在额头处，或者将眼镜别进头发里的话，你则会显得像是在抬眼望天，这样就会让你在别人眼中变成一个难伺候的人，因为你看上去总是像在生气。

人类面对眼镜陷入的窘境其实比看上去还要复杂得多。就像人们在品尝一道中国汤品时，因为怕汤汁沾到领带上而纠结于如何体面地保护领带不被弄脏一样（应该把领带拨到肩上？把它夹在衬衫的两颗扣子中间？还是直接把领带取下？），戴眼镜的人也应当同时兼顾眼镜的实用性和美观性。

为了在戴眼镜时既保证其不易掉落，又不犯造型上的错误，有几个简单的解决方案。如果你穿的是一件宽松衬衫的话，可以将眼镜放在胸部的口袋里。如果是西装外套，那就把眼镜放在衣服内袋中，如果可能的话，最好给眼镜包块布或是配个套子以起到保护作用。或者你可以学那些优雅的意大利人，把眼镜放在外套胸部的口袋中，再漫不经心地让一条镜腿露出来……

对于那些既不穿衬衫也不穿外套的人来说，还有更极端的方法，那就是去眼外科做手术矫正视力。然而，重新使用单片眼镜，即那种 18 世纪时曾风靡一时的，只有一只镜片的圆片眼镜，才是更有效的方法，这是毫无疑问的。

1　Werther's Original，欧洲家喻户晓的著名德国品牌，旗下有众多巧克力与糖果。

穿尖头鞋合理吗？

美国人已经意识到，曾经一度十分流行的方头鞋其实并不好看，他们甚至把这种鞋的形状比喻为撬棍。然而，在大西洋彼岸的我们法国人却继续追捧着和方头鞋一样难看的尖头鞋。现在在法国，喜欢穿尖头鞋的男人一般还热衷于往头发上喷定型喷雾，穿屁股上绣着花纹的牛仔裤。

这可不是件光荣的事。我们先不做任何社会方面的分析，只看尖头鞋会让穿着它的人身材比例看上去不协调这件事。配阔腿裤穿的话，尖头鞋看上去会过细，从而让你的腿部看上去更粗壮。配小脚裤穿的话，尖头鞋则会因为显得过长而让你看上去格外的高。有些男性穿尖头鞋是因为觉得尖头鞋可以拉长脚部，从而体现自己性功能强大，然而如果没有严肃的科学依据能证明脚的长度和男性生殖器长度有关的话，穿尖头鞋就真的没什么好处了。

就像帕丽斯·希尔顿、M&M's 花生巧克力豆以及方头鞋代表了错误的美式品位一样，尖头鞋则绝对是错误的欧式品位，甚至可以说是法式品位的产物。最初，法国的安茹伯爵[1]为了让自己的脚看上去没那么宽而穿了尖头鞋，随后，12 世纪时，尖头鞋逐渐成为当时的主流，法国国王菲利浦·奥古斯都[2]甚至制定了专门的法律来确立该鞋的地位。此后，尖头鞋受到贵族阶级的追捧，人们认为鞋尖越长，鞋主人的社会地位就越高，因此一度不断让鞋尖变得更长。当时该鞋被称为"翘头鞋"，其长度甚至可达到 50 厘米。

尖头鞋样式众多，如西部牛仔靴、阿拉伯式的箭头无跟皮拖鞋，还有尖耳朵小精灵穿的鞋子等，而且在大众认知中，它一直象征着某种反叛精神。中世纪的男子穿尖头鞋有时是为了用鞋撩起女士的衬裙，或是缩短自己做祷告的时间（你们可以试试看穿着 50 厘米长的鞋子跪在地上说"我祝愿您，圣母玛利亚"），而现代人穿尖头鞋则是为了追求绝对的摇滚精神。20 世纪 60 年代时，尖头鞋在这一点上的重要性得以完美体现，当时穿尖头鞋使得时尚先锋和摇滚乐手们得以与穿马丁靴的好斗小混混区分开来。

21 世纪初期涌现出了一批新的摇滚乐手，而尖头鞋也得以重回舞台，但同时，这种鞋也经历了和极细领带一样的发展道路：从反叛精神的代表变成了土气的标志……总而言之，重新穿回圆头鞋很有必要，如果家里还有尖头鞋的话，最好将它们拿去丢掉，以方便回收。把它们回收利用做餐具或许是个不错的主意？因为英国人就将尖头鞋称为"吃滨螺用的叉子[3]"。

1　法国古老的贵族称号，以其封地安茹得名。
2　菲利浦·奥古斯都（1165—1223），卡佩王朝国王（1180—1223 年在位）。
3　尖头鞋的一种英文名为"winkle pickers"，即吃滨螺时用来撬开滨螺的工具。

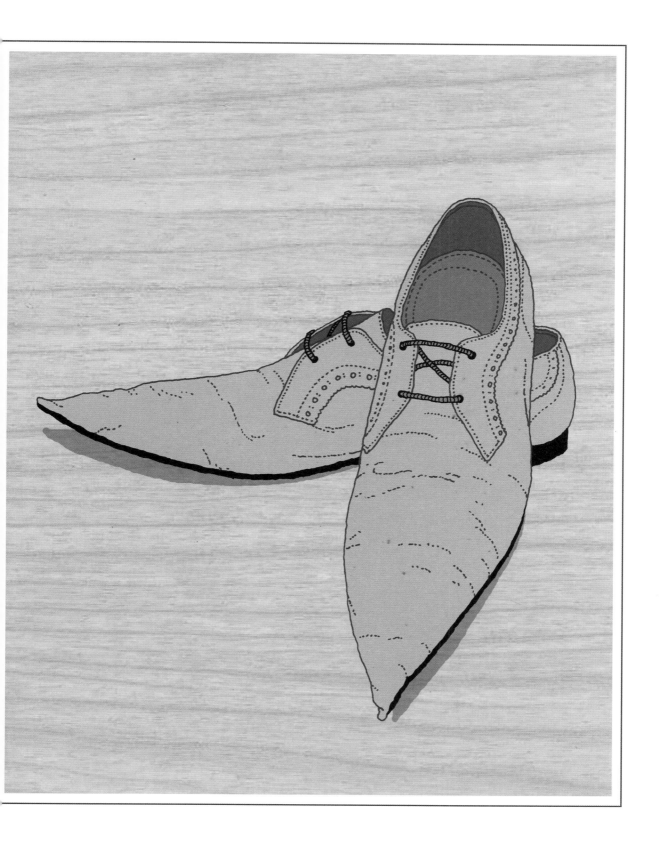

穿皮外套合理吗？

法语口语中用"穿外套"这个短语表示男性追求女性时遭到拒绝的意思，而不用"穿夹克衫"来表示，这绝不是出于偶然。虽然外套与夹克衫的功能相同，但二者的样子却大不相同。因此，穿皮夹克衫可以取悦女性，而穿皮外套则会产生让人敬而远之的效果。

这一感知上的差别来源于这两种服装共同的历史。皮夹克的特点是有拉链，且腰部及手腕部是收紧的，这一样式能够让人联想到摇滚乐，并让人自发地联想到那些穿着黑色夹克衫的摇滚乐手们，皮夹克也因此象征了年轻人的反叛精神。而皮外套就不一样了，它没有扣子，由于较长还会盖住人的大腿。它流行于 20 世纪 60 年代，当时腈纶材质的衬衫和打底衫也十分流行，因此穿一件皮外套，再配上腈纶衬衫或打底衫在当时成了那些爱秀肌肉的猛男喜爱的穿搭，这和现在那些年纪大了还爱耍帅的男人把自己的衬衫领敞开露出胸毛是一个效果。

皮外套经常出现在那些充斥着黑帮和卧底情节的电影中，如《铁杆神探》《偷拐抢骗》，以及欧迪亚执导的《预言者》等。同时，那些经常去法兰西体育场观看约翰尼·哈里戴音乐会的摇滚乐爱好者们也特别喜欢这种衣服。在这些情况下，皮外套一般会和一件上面画着哈士奇狗头和星星的 T 恤搭在一起穿。这也是那些有啤酒肚的人喜欢敞开穿皮外套的原因，他们一方面因为肚子大没办法合上外套，另一方面也想露出里面的 T 恤。

而且，对于那些因身材不好无法继续穿皮夹克的人而言，穿皮外套也是他们能继续保持自己反叛精神的方法。

克里斯朵夫·翁德拉特[1]就是个很好的例子。通过穿皮外套，他希望自己的形象不仅是一个普通记者，还能拥有更多的反叛精神，同时也更好地烘托其主持的节目《被告入席》[2]，他在主持该节目期间总是穿着一件黑色皮外套。翁德拉特还总是竖起外套的领子，这在揭示出每一个案件真相的同时，还不知不觉地暴露出另一个造型上的真理：如果我们已经过了穿皮夹克的年纪，那我们就不适合穿任何皮质的衣服了。

---

1 克里斯朵夫·翁德拉特，法国记者、主持人、演员。

2 2000 年开播的法国电视节目，每期节目时长约 90 分钟，主要讲述 20 世纪 50 年代以来发生的大型真实案件。翁德拉特于 2000 年至 2011 年担任该节目的主持人。

穿中裤合理吗？

与将早餐与午餐合为一体的早午餐一样，近些年来有许多特征介于不同服饰之间的服饰出现。这类服饰中有介于 T 恤与背心之间的无袖 T 恤，还有混合了医用木鞋与特百惠保鲜盒特征的洞洞鞋。

然而，这其中最为流行的还要数中裤。中裤出现于 20 世纪 40 年代的意大利卡布里岛，最早是女士服装，过了几年才变成了男士夏季常穿的服装。中裤后来在一些充满烤香肠味的大型活动中甚至成了正规服装，比如环法自行车赛、法国国庆节烟火大会、露营小姐选秀，还有在菲利克斯·博拉尔特广场举行的朗斯足球俱乐部比赛。

而中裤的成功就来源于其特征的混杂性。我们可以说中裤的裤脚在膝盖下面，也可以说在脚踝上面，这取决于我们看中裤的角度。而中裤也因此被看作百慕大短裤与长裤的完美混合体。这种裤子一般材质为锦纶，具有抗皱性，而且在裤脚处有可以收紧的系带，看上去和那种迪卡侬的厚运动裤很像。

所以，从很多方面来看中裤都是一种家居和日常服装。这也是它给人一种穿上不会出错的感觉的原因。然而这个想法显然是错误的，因为穿衣就像谈恋爱，衣服多了几厘米或少了几厘米会完全改变你的形象，就像在恋爱中，靠近对方一步或远离一步，结果会完全不同。

正如短发遮住一部分耳朵或是领带的边缘过低会令一个男人形象崩塌一般，中裤会让穿着它的人显得既无品位，又无气质。因为中裤其实在视觉上会造成将腿部切成两段的效果，也因此会让人看上去比实际中矮上一截。

我们已经说过，应当特别注意夏季的穿着，因此在夏天，应当选择要么穿短裤，要么穿帆布长裤，而不要折中。而且要注意，短裤一定不要超过膝盖，而长裤则一定要能盖住脚踝。

把笔记本电脑放入背包合理吗？

就像乌龟把家一直背在身上，袋鼠一直把孩子放在肚子前的袋中一样，公司中的白领也已经适应了经常背着包四处出差的生活。而他们也有着去任何地方都把"办公室"背在身上的习惯，具体来讲，就是他们习惯背一个专门用来放笔记本电脑的背包。

虽然将电脑背在身上是受到骨科医生的支持的，而且大家也普遍意识到这样可以减轻背部负担，但这一习惯主要还是来源于当代社会职业的变化。以往，公司白领们移动的范围相对较小，他们去参加会议时可以将一叠资料夹在胳膊下，而如今他们需要不断移动到不同地方工作。一个公司职员随时都有可能收到人力资源部的通知，告诉其公司总部因预算问题而迁至波兰的克拉科夫，而他需要在次日早上 8 点 30 分就到达波兰，马上接受新的任务，且拿到的薪资是按波兰当地的标准来算的。

因为有了背包和放在其中的笔记本电脑，现代白领们完全可以按照通知，于第二天就到达波兰工作。但这趟去波兰的旅程会让人很疲劳，还会在上班高峰乘坐当地的交通工具时受到他人的鄙视。在挤得满满的地铁或公交车上，背包爱好者其实比那些将报纸大开以在上面找女子手球半决赛比分的人更不受他人待见。因为，虽然后者有些占地方，但不会太影响他人，而前者只要一动，就会碰到在其周围的乘客。

然而，真正的问题还是出在造型上。为了保证电脑不受磕碰，用来放电脑的背包一般尺寸都很大，而且材质和鼠标垫以及潜水服差不多。所以，一个穿着西装、戴着领带的白领要是在城市里背着这样一个背包，会显得很奇怪，效果和一个准备跳入水中的潜水者胳膊下夹着只手提公文箱差不多。

在进行危险的户外攀岩运动时，背包是很重要的，它可以解放双手，从而让你能够在要滑落时抓住支撑物。可是，在城市中你是绝不会遇到这种情况的。其实，只要给笔记本电脑装上一个保护套，再将其放入单肩包中背在肩上，看上去就时尚多了。那些白领们这样背电脑也会显得更精致，而且既不会感到背上东西太多，又不会再感觉烦躁[1]。

---

1 法语口语中，"背上东西太多"可以表示"感觉烦躁"的意思，此处也为作者的一个文字游戏。

在海滩上穿三角泳裤合理吗？

海滩上有两种男人，一种是展示自己结实的身材的，另一种是因缺乏锻炼而必须努力吸着肚子的。不过，他们对在海滩上穿什么的选择才直接决定了其看上去的样子。先不看男人们的身材，而只看他们穿的是运动短裤、四角紧身短裤还是三角泳裤就够了，这三种短裤已经决定了他们的不同。

那些穿着低调，并且希望活动自如的男人比较喜欢运动短裤（尤其是这样就不用在换地方时再换衣服了），而四角紧身短裤则是那些什么都不怕，希望付出一切代价来泡妞的年轻男人的最爱。和这两种短裤相反，三角泳裤已经渐渐被抛弃了。的确，如果一个人在 2012 年还穿三角泳裤，那要么是他对穿着完全不在乎，要么是他几十年都没买过衣服了。

其实，在海滩上穿三角泳裤早就不流行了。三角泳裤来源于连体泳衣，在 20 世纪 30 年代前一度很流行，人们去洗海水浴时都穿这种泳衣。而三角泳裤到 20 世纪 60 年代时就不再那么受欢迎了，因为当时出现了第一批冲浪者，他们穿长一些的花短裤，而当时那些喜欢耍帅的人则已经开始穿四角紧身短裤了。在 1969 年的电影《游泳池》中，阿兰·德龙穿的就是这种四角紧身短裤。这样一来，原则就很清楚了。那些"花花公子"型的男人，比如法国演员让·杜雅尔丹和英国演员丹尼尔·克雷格喜欢穿四角紧身短裤，而走运动风的男人则喜欢穿运动短裤，如美国冲浪选手凯利·斯拉特和电影《马里布警报》中的救生员扮演者大卫·哈塞尔霍夫。

被时代抛弃了的三角泳裤在随后的岁月中成了过时的人和没有教养的人的标志，如电影《艳阳假期》中的克里斯汀·克拉维尔和《露营》中的弗兰克·杜博斯克。穿三角泳裤的人很容易露出体毛和自己的粗腿，这也会让别人看上去感觉很不舒服。三角泳裤因为过小而没什么审美价值，只有一种最基本的功能。也就是说，它只能用来遮羞，而且穿上会显得人很俗气。

如今，尽管在一些市立或国家游泳馆中穿三角泳裤是必须的[1]（那些高水平游泳运动员不得不在穿连体泳衣被禁之后重新穿回三角泳裤），但在其他地方，尤其是海边这一类自然之地，可千万别穿。在海滩上没有必要穿三角泳裤，和在海滩上没有必要戴泳帽是一个道理。

---

1 在法国，有些游泳馆为了保证泳池的卫生，而规定游泳者只能穿三角泳裤，因为这样一来，游泳者就绝对无法穿着其在泳池外穿着的短裤入池，从而避免带来更多细菌了。

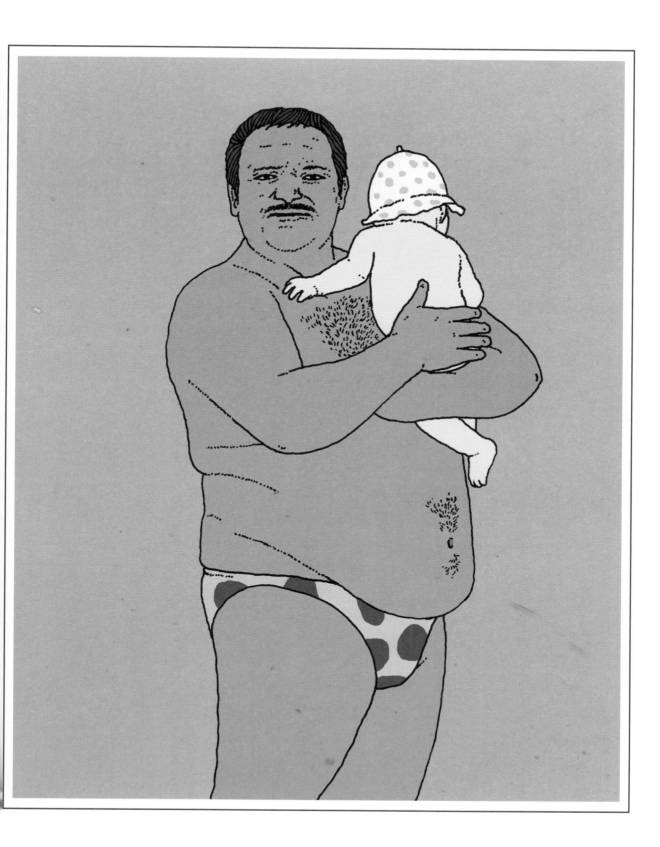

在沙滩上换泳衣合理吗？

在沙滩上吃巧克力煎饼的时候，很难不嚼到几粒沙子，或者在胸前滴几滴巧克力渍，不过在沙滩上换泳衣时不让别人看到你的身体则难度更大。这要求你除了足够灵活以外，还要有良好的统筹能力和完美的装备。

在这种情况下，最主要的问题在于你换泳衣时用来遮住自己的毛巾是否够大。虽然在传说中，有一对古怪的情侣曾成功地用一片葡萄叶遮住了身体[1]，但在现实中可就没这么容易了。的确，在沙滩上，一块普通大小的毛巾绝不是一个安全又有效的遮挡物。

然而，即使你有一块大尺寸的浴巾，要完成这个任务依然很困难。最麻烦的时候就是在你脱掉内裤，将第一条腿套进泳裤中时。此时的你是全裸的，所以你需要蹲下一些，在用一只手继续拿着浴巾，让其保持原来的高度的同时，把泳裤拉上去。

在日常生活中，只有在交通堵塞的街上，所有汽车被堵在路中间停住时，自己的车突然出现故障这种情况和在沙滩上换泳衣一样复杂。换泳衣时，如果你的浴巾突然滑落，那么你就将置身于其他偷看这一场景的度假者的目光之下，就像是车子故障时置身于其他司机不耐烦的黑暗目光下一样。此时你需要有极好的心态，去处理后续的事情。

如果你想换上比较紧身的泳衣的话（对于男士而言就是紧身泳裤），那你就必须花很大力气才能将其穿上。如果你的泳衣有点湿的话，那么你将其穿上的时间就会变得更长，你也将更加费力。

即使你成功地用浴巾遮着换上了泳衣，你依然是个统筹能力不强的人。因为，就算我们没有足够好的品位选择去那些有更衣间的沙滩，我们最起码也应当意识到问题，并在家中就换好泳衣。不然的话，也可以选择去法国的"裸镇"阿德格角[2]，这样一来所有问题就迎刃而解了。

1　此处暗指亚当与夏娃。
2　位于法国南部的一处度假胜地，濒临地中海，在该镇中，无论何时何地，裸体都是合法的。

图书在版编目 (CIP) 数据

太时髦了! / (法) 马克·博热著；刘宇彤译 . --
北京：台海出版社，2018.9
　　书名原文：De L'art De Mal S'habiller Sans Le
Savoir
　　ISBN 978-7-5168-2079-7

　　Ⅰ.①太… Ⅱ.①马… ②刘… Ⅲ.①服饰美学—通
俗读物 Ⅳ.①TS941.11-49

　　中国版本图书馆 CIP 数据核字 (2018) 第 192871 号

First Published by Editions HOËBEKE, Paris
© *Editions HOËBEKE, 2012*
Chinese edition (simplified characters) arranged through Dakai Agency Limited

本书中文简体版由银杏树下（北京）图书有限责任公司版权引进。
版权登记号 图字：01-2018-5358

太时髦了!

著　者：[法]马克·博热		插　画：[英]鲍勃·伦敦	
译　者：刘宇彤			

责任编辑：徐玥　童媛媛　　　　装帧制造：墨白空间·陈威伸
版式设计：李红梅　　　　　　　责任印制：蔡旭
出版发行：台海出版社
地　址：北京市东城区景山东街 20 号，邮政编码：100009
电　话：010-64041652（发行，邮购）
传　真：010-84045799（总编室）
网　址：www.taimeng.org.cn/thcbs/default.htm
E-mail：thcbs@126.com
经　销：新华书店
印　刷：北京盛通印刷股份有限公司
本书如有破损、缺页、装订错误，请与本社联系调换
开　本：787mm×1092mm　　　　　　1/16
字　数：78 千字　　　　　　　　　印　张：7
版　次：2018 年 12 月第 1 版　　　 印　次：2018 年 12 月第 1 次印刷
书　号：ISBN 978-7-5168-2079-7
定　价：60.00 元